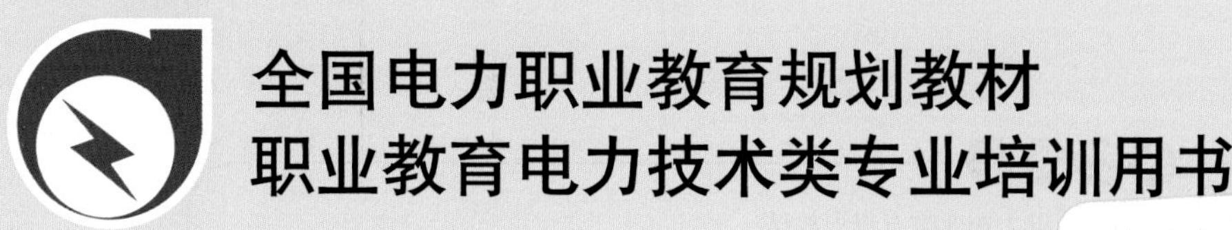

农网配电营业工（运行）实训教程

主　编　魏　欣
副主编　杨　力
编　写　杜印官　杨　体　徐安熙
　　　　赵　莹　任建蓉　毛　源
主　审　赵　敏

中国电力出版社
CHINA ELECTRIC POWER PRESS

内容提要

本书为全国电力职业教育规划教材。

本书包括农网配电营业工（运行）基础知识和实训两个部分。基础知识部分共4章，主要介绍了农网配电检修作业中安全作业、工器具及其使用和农网配电电气图等内容。技能实训部分共12个模块，主要内容有配电第一种工作票的填写与使用，总配电装置缺陷或故障处理，电动机正、反转回路安装，花杆、皮尺分坑，使用固定式人字抱杆组立混凝土杆，10kV直线杆横担安装操作，220V停电验电、挂接地线及单横担安装，10kV耐张杆双横担及杆顶安装，导线在绝缘子上的侧绑与顶绑及蝶式绝缘子终端绑扎，停电更换10kV线路耐张杆单相单片悬式绝缘子，10kV线路终端杆拉线更换，配电线路及设备常规巡视。

本书可作为农网配电营业工（运行）、配电线路工等相关岗位工作人员自学和培训教材，也可作为高等职业教育院校电力技术类专业实训指导教材，还可供农网配电线路运行和检修专业技术人员参考。

图书在版编目（CIP）数据

农网配电营业工（运行）实训教程/魏欣主编．—北京：中国电力出版社，2015.12

全国电力职业教育规划教材

ISBN 978-7-5123-8479-8

Ⅰ.①农… Ⅱ.①魏… Ⅲ.①农村配电-职业教育-教材 Ⅳ.①TM727.1

中国版本图书馆CIP数据核字（2015）第252209号

中国电力出版社出版、发行

（北京市东城区北京站西街19号 100005 http://www.cepp.sgcc.com.cn）

北京盛通印刷股份有限公司印刷

各地新华书店经售

*

2015年12月第一版 2015年12月第一次印刷

787毫米×1092毫米 16开本 10.75印张 257千字

定价 **45.00** 元

前　　言

本书为全国电力职业教育规划教材。

本书包括农网配电营业工（运行）基础知识和实训两个部分。基础知识部分共4章，第1章概述，主要阐述了农网简介、农网建设和运行维护；第2章安全作业，主要阐述配电线路检修作业中高处作业、不停电作业和停电作业的相关规定、外伤急救处理措施；第3章工器具及其使用，主要阐述农网配电作业中常用的个人工具、安全用具和专用工器具的种类、使用方法和注意事项；第4章农网配电电气图，主要阐述农村电网线路工程和装配图纸的识读方法和编制材料表的方法等。技能实训项目部分共12个模块，介绍了配电第一种工作票的填写与使用，总配电装置缺陷或故障处理，电动机正、反转回路安装，花杆、皮尺分坑，使用固定式人字抱杆组立混凝土杆，10kV直线杆横担安装操作，220V停电验电、挂接地线及单横担安装，10kV耐张杆双横担及杆顶安装，导线在绝缘子上的侧绑与顶绑及蝶式绝缘子终端绑扎，停电更换10kV线路耐张杆单相单片悬式绝缘子，10kV线路终端杆拉线更换，配电线路及设备常规巡视。

本书自2012年开始酝酿，根据《国家电网公司生产岗位生产技能人员职业能力培训规范（第33部分农网配电）》《四川省电力公司生产人员岗位培训标准》等相关国家以及电力行业企业规程、规范和标准，结合《高压输配电线路施工运行与维护专业人才培养方案与课程标准》对培养学生岗位工作能力的要求，按照生产现场标准化作业的流程，组织来自企业生产一线的农网配电专业优秀技能人才和长期参与农网配电培训的教师，认真研究了电网企业生产实际和农网配电发展趋势，梳理了当前从事农网配电线路建设和运行维护工作所需的知识和技能编撰而成。全书突出"工作任务导向、规范作业流程、理论知识够用、突出技能实训"的职业教育和培训特色，强调安全作业和标准化作业。为便于读者学习，书中主要采用了约200幅源自生产作业现场和技能实训现场的实拍图片，增加了本书的实用性和可读性。

本书由国网四川省电力公司技能培训中心（四川电力职业技术学院）魏欣主编，杨力任副主编，参与编写的人员有国网四川省电力公司技能培训中心杜印官、杨体（国网资阳供电公司高级技师）、徐安熙（国网内江供电公司技师）赵莹、任建蓉、毛源，本书由国网成都供电公司配电线路高级技师赵敏主审。全书编写分工如下，魏欣（基础知识第1章、3章和技能模块4、模块10）、任建蓉（第2章）、杨力（基础知识第4章和技能模块5、模块11和模块12）、杜印官（技能模块8和模块9）、杨体（技能模块2和模块6）、徐安熙（技能模块1）、赵莹（技能模块7）、毛源（技能模块3），全书由魏欣统稿。

本书的出版受国网四川省电力公司教育培训经费专项资助。

鉴于编者知识、技能水平的不足，书中尚有诸多不妥之处，恳请读者批评指正。

编　者

2015年9月

前　言

目　　录

前言

第1篇　农网配电营业工(运行)基础知识

第1章　概述 …… 3
　1.1　农网简介 …… 3
　1.2　农网建设和运行维护 …… 3
第2章　安全作业 …… 8
　2.1　高处作业 …… 8
　2.2　不停电作业与停电作业 …… 8
　2.3　外伤急救 …… 10
第3章　工器具及其使用 …… 13
　3.1　个人工具 …… 13
　3.2　安全用具 …… 16
　3.3　专用工器具 …… 29
第4章　农网配电电气图 …… 41
　4.1　电气图的基本知识 …… 41
　4.2　电气图的识读 …… 44

第2篇　农网配电营业工(运行)实训部分

模块1　配电第一种工作票的填写与使用 …… 61
模块2　总配电装置缺陷或故障处理 …… 74
模块3　电动机正、反转回路安装 …… 84
模块4　花杆、皮尺分坑 …… 91
模块5　使用固定式人字抱杆组立混凝土杆 …… 99
模块6　10kV直线杆横担安装操作 …… 108
模块7　220V停电验电、挂接地线及单横担安装 …… 115
模块8　10kV耐张杆双横担及杆顶安装 …… 121

模块 9　导线在绝缘子上的侧绑与顶绑及蝶式绝缘子终端绑扎 ……………………………… 128
模块 10　停电更换 10kV 线路耐张杆单相单片悬式绝缘子 ……………………………………… 136
模块 11　10kV 线路终端杆拉线更换 ……………………………………………………………… 144
模块 12　配电线路及设备常规巡视 ………………………………………………………………… 154

参考文献………………………………………………………………………………………………… 164

第1篇

农网配电营业工（运行）基础知识

第1章 概　述

1.1　农网简介

一般将县级区域内的县城、村镇、农垦区及林牧区客户供电的35kV及以下配电网称为农村电网，简称农网。农网是我国电网的重要组成部分，其用电量已占全社会用电量的52%以上，而且发展速度迅猛。

与城市负荷和供电范围相对集中的特点相比，农网具有地域分布广、范围大、负荷分散的特点；除部分经济发达的地区外，绝大部分地区负荷密度较低；中国农村居住和农业生产活动分布广泛，不同地域或同一地域不同区域间经济发展水平的不平衡及产业结构、地理条件的差异造成用电需求差异较大。此外，由于农业生产与气候有密切关系，因而农村负荷季节性变化明显。这给农网的建设和运行维护带来了极大困难。

农网主要由架空配电线路（如图1-1-1所示）和配电设备（如图1-1-2所示）构成，普遍采用35/10/0.4kV电压等级。架空配电线路主要采用普通锥形钢筋混凝土杆和绝缘导线或裸导线。10kV及以上电网的配电设备有配电变压器、高压断路器、互感器、隔离开关、高压熔断器、避雷器、电力电容器和接地装置等。0.4kV部分电网采用的设备有低压隔离开关、低压组合开关、低压熔断器、低压断路器、主令电器和控制继电器等。

图1-1-1　架空配电线路

图1-1-2　配电设备

1.2　农网建设和运行维护

农网线路多为架空线路，长期处于大气环境及强电磁环境下，承受着较大的电气和机械荷载，容易受到风、雨、雾、覆冰、雷电、烟雾、粉尘、外力破坏等因素的影响，导致线路各组成部分出现劣化、老化甚至损坏。为了保证线路运行的可靠性及提高线路运行的质量，确保线路的安全、可靠、经济运行，需要持续不断地对线路进行建设、巡视和维护。在线路运行维护企业，一般将其分为农网配电线路运行及检修和升级改造两类工作。

1.2.1　农网配电线路运行及检修

线路运行企业应坚持“安全第一、预防为主、综合治理”的工作方针，全面做好配电线路运行、检修、管理工作，保证线路安全、经济、可靠运行。

1. 农网配电线路运行

农网配电线路运行主要包括线路及设备巡视、配电装置接地电阻测量和线路通道维护三类工作。

线路及设备巡视的目的是掌握线路运行状况，查明各种设备缺陷，预防事故发生。

根据 Q/GDW 519—2010《配电网运行规程》规定，配电装置接地电阻测量周期为：柱上变压器、配电室、柱上开关设备、柱上电容器设备的接地电阻测量每 2 年进行一次，其他设备的接地电阻测量每 4 年进行一次，接地电阻测量应在干燥天气进行。

运行单位必须建立线路巡视岗位责任制，每条线路都应有明确的巡视责任人（巡线员）负责线路的巡视，巡视责任人应具备必要的线路维护知识。

线路巡视有以下几种：

（1）定期巡视。由专职巡线员进行，掌握线路的运行状况，沿线环境变化情况，并做好护线宣传工作。

（2）特殊性巡视。在气候恶劣（如：台风、暴雨、覆冰等）、河水泛滥、火灾和其他特殊情况下，对线路的全部或部分进行巡视或检查。

（3）夜间巡视。在线路高峰负荷或阴雾天气时进行，检查导线接点有无发热打火、绝缘表面有无闪络、木横担有无燃烧现象等。

（4）故障性巡视。查明线路发生故障的地点和原因。

（5）监察性巡视。由部门领导和线路专责技术人员进行，目的是了解线路及设备状况，并检查、指导巡线员的工作。

线路及设备巡视检查中发电的缺陷可分为线路本体、附属设施缺陷和外部隐患三大类。

（1）线路本体缺陷。指组成线路本体的全部构件、附件及零部件，包括基础、杆塔、导地线、绝缘子、金具、接地装置、拉线等发生的缺陷。

（2）附属设施缺陷。指附加在线路本体上的线路标识、安全标示牌及各种附属设施发生的缺陷。

（3）外部隐患缺陷。指外部环境变化对线路的安全运行已构成某种潜在性威胁的情况，如：在保护区内违章建房、种植树（竹）、堆物、取土以及各种施工作业等。

根据线路缺陷处理时限要求，可将线路缺陷分为紧急（危急）缺陷、重大缺陷和一般缺陷。

（1）紧急（危急）缺陷。指缺陷已使设备不能继续安全运行，随时可能导致事故发生，必须尽快消除或采取必要的临时安全技术措施进行处理。运行人员发现紧急（危急）缺陷后应立即报告公司生技科、调度等相关部门，同时按有关规定积极主动地采取措施，控制缺陷进一步发展恶化，在发现后 24h 内应对其进行处理。

（2）重大缺陷。指缺陷比较严重，但设备仍可在一定时期内继续运行，应在短期内消除，运行人员发现危急缺陷后应立即报告公司生技科、调度等相关部门，同时按有关规定积极主动地采取措施，并应尽可能及时处理。如不能立即处理也要积极准备安排近期内计划处理，但处理期限不得超过一周。

(3) 一般缺陷。指缺陷在近期内对设备安全运行影响不大,应列入年、季、月度检修计划消除。

线路通道维护,主要指清除线路通道内影响线路安全运行的树木、违章建筑、违法施工等因素。

2. 农网配电线路检修

农网配电线路检修是指检修单位根据线路运行部门巡视过程中记录的"缺陷处理通知单",并根据生技部提出的缺陷处理意见,按照缺陷严重程度,对电力线路进行检修消缺。线路检修工作必须按照《国家电网公司电力安全工作规程(配电部分)》要求做好生产施工现场的安全措施,凡大型施工(如更换杆塔、导地线等)必须制定三措方案上报相关部门审批,并在施工中严格执行。

在农村电网线路检修内容包括架空配电线路及配电设备检修,最常见的检修工作如下:

(1) 低压设备检修。

(2) 异步电动机控制电路的安装及检修。

(3) 低压接入户线的安装和检修。

(4) 电杆金具的检修和更换。

(5) 直线杆横担及杆顶的安装和检修。

(6) 耐张杆双横担的安装和检修。

(7) 拉线的制作、安装和更换。

(8) 绝缘子的检修和更换。

(9) 配电变压器的测试和检修。

(10) 配电装置的检修及更换。

1.2.2 农网配电线路升级改造

现有农村电力线路及设备老化、陈旧供电能力不足等原因,导致电能损失增大,故需要对现有线路进行升级改造。

线路升级改造工作中,农网配电运维企业必须严把验收关,认真执行施工、运行、项目主管部门三级检查验收制度,确保检修质量。事故抢修机构应根据线路的运行特点制定不同的抢修预案。

农网配电线路升级改造过程中始终贯彻"质量第一、程序管理、精益求精"的质量方针,从工序质量到分项工程质量、内部工程质量、单位工程质量严把质量关,由验收单位依据《10kV及以下架空配电线路施工及验收规范》及设计要求,对工程施工准备、材料领用、施工生产、试验与检验、竣工交验、整个施工环节进行监督管理,确保工程质量。

农网线路升级改造主要有线路测量及基础施工,材料运输,隐蔽工程验收,撤杆和立杆,旧线路拆除,放线、撤线和紧线,金具安装,装设绝缘子,配电变压器及设备的安装,施工过程中的检查,工程验收等工作。

1. 线路测量及基础施工

线路测量前要综合考虑运行、施工、交通条件和路径长度等因素,统筹兼顾,全面安排,做到经济合理、安全适用。

基础施工应不占或少占农田,应避开低洼地、河流、易冲刷地带、易被车辆碰撞和影响线路安全运行的其他地段。当线路段通过城镇及规划区域时,应与建设单位联系,并取得有关部门同意。

2. 材料运输

运送施工材料进场时，运输车辆驾驶人员必须严格执行交通管理方面的有关规定，严禁违章操作。运输前要认真了解运输器材的重量、外形尺寸，运输器材不得超载、超高、超宽、超长。要绑扎牢固，支点平稳，不得客货混装。

材料装卸时，起重人员严格执行起重操作规程，起吊时必须选择良好停车地点及支腿位置，严禁将吊车停放在阴沟、下水道、河沟坎附近，确保起吊工作安全。起吊前必须了解吊件重量及特性，起吊时检查各部受力情况，无异常情况后方可起吊，在起吊过程中被起吊物下严禁站人。

3. 隐蔽工程验收

隐蔽工程包括基础坑（如电杆坑、拉线坑）深，预制基础的埋设、钢筋混凝土电杆底盘、卡盘、拉线盘的规格及安装位置。导线连接管压接前的内、外径及长度，压接后的外径及长度、压接质量、损伤导线的修补情况。在施工过程中，所有隐蔽工程应做完一项，认真检查一项，并做好记录。

4. 撤杆和立杆

撤杆要设立专人统一指挥，工作人员要明确分工、密切配合、服从指挥。在居民区和交通道路上立、撤电杆时，应设专人看守。使用吊车立、撤电杆时，钢丝绳应套在电杆合适的位置，以防止电杆突然倾倒。撤杆工作中，拆除杆上导线时，应先检查杆根，做好防止倒杆措施，先以吊钩将电杆吊住或用叉杆叉住；将杆上所有连接处断开，并在杆头部栓上拉绳，然后将杆根土挖出，如有卡盘，挖到露出卡盘为止，起吊受力后，要对各受力点进行检查，无问题后，缓慢起吊，逐渐拔出电杆，控制手绳掌握杆头方向，然后将撤除的电杆落放到合适位置。

组立电杆前，所有工作班成员应明确施工方法及指挥信号，起吊工作必须由专人统一指挥，分工明确，做好安全措施。组立电杆时，吊车占位应适当合理。立杆过程中，杆坑内严禁有人工作。除指挥人员及指定人员外，其他人员必须远离杆下 1～2 倍杆高的距离以外。电杆吊起就位时，杆根不要碰坑壁，应由指定人员掌握杆根方向防止落土影响电杆埋深。杆塔起立离地 0.8m 后，应对各受力点处做一次全面检查，确无问题后再继续起立。已经立起的电杆的根部中心与中心线的横向位移不得大于 50mm。杆根落到坑底后，应指定专人在横线路方向和顺线路方向同时观测，使电杆立起后各方向角度符合规程标准，然后，马上回填土，回填应用碎土，不准用石头，以免在找正及调整杆位时困难。

5. 旧线路拆除

旧线路拆除包括金具、铁附件、绝缘子、横担和导线的撤旧工作。

金具、铁附件撤旧施工时，按照设计、规程使用人工滑轮牵引和撤除。

撤除直线杆绝缘子时，先将导线松开，将导线放在横担上绑牢，防止导线从横担上脱落。撤除耐张杆绝缘子时，先将需要更换的绝缘子所在线路前两基直线电杆的导线松开，紧线器在横担上或牢固的构件上固定后，用紧线器将导线收紧后，将固定导线的线夹从绝缘子上拆下，注意应同时收紧两边相，逐相进行更换。

撤除直线杆横担时，先将导线从绝缘子松开，用传递绳索将导线系牢后放下，再将绝缘子撤除，最后将横担拆下，用传递绳放置地面。撤除耐张杆横担时，先在前一基电杆打好临时拉线，并将该基电杆的导线用紧线器拉紧后才能将导线从绝缘子松开，用传递绳索将导线系牢后放下，再将绝缘子撤除，最后将横担拆下，用传递绳放置地面。此外还要注意，在拆除旧横担时，如螺栓锈蚀，无法松动时可用钢锯将抱箍锯断，同时应将横担一端与电杆可靠相连，防止横担突然下落。

撤除导线时，应设专人统一指挥、统一信号，检查紧线工器具是否良好。撤线工作之前必须在换线耐张段上打好临时拉线，将耐张段直线杆的导线全部松开，导线截面大于50mm^{2}以上且距离在5挡以上，进行撤线时，应使用滑车，滑车直径应大于导线直径的10倍以上，滑轮应转动灵活，轮沟光滑，防止撤线时直线杆倒杆。撤线时要防止跑线伤人。使用开口滑车时，应将开门勾环扣紧，防止绳索自动跑出。严禁采用突然剪断导线的方法松线。

6. 放线、撤线和紧线

放线、撤线和紧线工作，均应设专人统一指挥、统一信号方式，检查紧线工具及设备是否良好。交叉跨越各种线路、公路等放线、撤线及紧线时应做好安全措施，并在跨越处、路口设专人持信号旗看守。紧线前，应检查导线有无障碍物挂住。紧线时，应检查接头以及过滑轮、横担、树枝、房屋等有无卡住现象。工作人员不得跨在导线上或站在导线内角侧，防止意外跑线时抽伤。紧线、撤线前，应先检查拉线及杆根。如不能适用时，应加设临时拉线加固。严禁采用突然剪断导、地线的做法松线。在雷雨天气或五级以上大风时，应停止紧线工作。挂线时应尽量减少架空线所承受的过牵引张力。紧线用的施工地锚应按设计规定埋设，施工中应随时监视有无异状。紧线绞磨要有技工专人负责，尾绳应由熟练人员操作，禁止用脚踏住尾绳。临近带电线路时，紧线绞磨也应接地。

7. 金具安装

配电线路选用的金具，安全系数不应小于2.5。金具的机械强度应符合设计要求，并无严重锈蚀、变形。

8. 装设绝缘子

绝缘子安装应牢固，连接可靠，防止积水。安装绝缘子之前，应清除绝缘子表面灰尘或污垢，检查绝缘子外观是否完好。安装绝缘子过程中，不得用线材或其他材料代替闭口销、开口销。

9. 配电变压器及设备的安装

配电变压器及设备的安装包括配电变压器、熔断器、避雷器、低压计量装置等设备的安装。

10. 施工过程中的检查

施工过程中的检查包括电杆及拉线是否符合规程要求，横担及金具安装是否平正、紧密、牢固、方向正确。接地电阻值是否符合设计要求。导线弧垂、跳线与各部件的电气距离、相序、使用金具的规格及连接情况、压接管的位置及数量、线路与交叉跨越物的距离、线路与地面、建筑物之间的距离等是否符合设计要求。

11. 工程验收

在工程完工时，将资料完善、进行完工后自检合格后，再进行工程验收。验收时需提交的资料有：竣工图、变更设计的证明文件（包括施工内容明细表）、安装技术记录（包括隐蔽工程记录）、交叉跨越距离记录及有关协议文件、调整试验记录、接地电阻实测值记录和有关的批准文件。

第2章 安全作业

2.1 高处作业

2.1.1 高处作业的定义

凡在坠落高度基准面 2m 及以上的高处进行的作业，都应视作高处作业。

2.1.2 高处作业的分类

高处作业分为一般高处作业和特殊高处作业两种。

特殊高处作业包括以下几个类别：

（1）在阵风风力六级（风速 10.8m/s）以上的情况下进行的高处作业，称为强风高处作业。

（2）在高温或低温环境下进行的高处作业，称为异温高处作业。

（3）降雪时进行的高处作业，称为雪天高处作业。

（4）降雨时进行的高处作业，称为雨天高处作业。

（5）室外完全采用人工照明时进行的高处作业，称为夜间高处作业。

（6）在接近或接触带电体条件下进行的高处作业，统称为带电高处作业。

（7）在无立足点或无牢靠立足点的条件下，进行的高处作业，统称为悬空高处作业。

（8）对突然发生的各种灾害事故，进行抢救的高处作业，称为抢救高处作业。

一般高处作业是指除特殊高处作业以外的高处作业。

2.1.3 高处作业分级

高处作业的级别和可能坠落半径包括以下几个类别：

（1）高处作业高度在 2～5m 时，称为一级高处作业，其可能坠落的半径为 3m。

（2）高处作业高度在 5～15m 时，称为二级高处作业，其可能坠落的半径为 4m。

（3）高处作业高度在 15～30m 时，称为三级高处作业，其可能坠落的半径为 5m。

（4）高处作业高度在 30m 以上时，称为特级高处作业，其可能坠落的半径为 6m。

2.2 不停电作业与停电作业

2.2.1 临近带电导线的工作

1. 在低压带电线路电杆上的工作

（1）在带电电杆上的工作，仅限于在带电线路的下方处理混凝土杆裂纹、加固拉线、拆除鸟窝、紧固螺栓、查看导线金具和绝缘子等。作业人员活动范围及其所携带的工具、材料等与低压带电导线的最小距离不得小于 0.7m。

（2）在带电电杆上进行拉线加固工作，只允许调整拉线下把的绑扎或补强工作，不得将连接处松开。

2. 临近或交叉其他电力线路的工作

（1）新架或停电检修的线路如与另一强电或弱电线路邻近或交叉，以致工作时将可能和另一回导线接触或接近至危险距离以内，则均应对另一线路采取停电或其他安全措施。

（2）为了防止新架或停电检修线路的导线产生跳动，或因过牵引引起导线突然脱落、滑跑而发生意外，应用绳索将导线牵拉牢固或采用其他安全措施。

（3）为防止登杆作业人员错误登杆而造成人身触电事故，与检修线路邻近的带电线路的电杆上必须挂安全标示牌或派专人看守。

2.2.2 低压间接带电作业

（1）进行间接带电作业时，作业范围内电气回路的剩余电流动作保护器必须投入运行。

（2）低压间接带电工作时应设专人监护，工作人员必须穿着长袖工作服或绝缘鞋、戴绝缘手套，使用有绝缘手柄的工具。

（3）间接带电作业，应在天气良好的条件下进行。

（4）在带电的低压配电装置上工作时，应采取防止相间短路和单相接地短路的隔离措施。

（5）在紧急情况下，允许用有绝缘杆的钢丝钳断开带电的绝缘照明线。断线时，应分相进行。先断相线，后断零线。断开点应在导线固定点的负荷侧。被断开的线头，应用绝缘胶布包扎、固定。

（6）带电断开配电盘或接线箱中的电压表和电能表的电压回路时，必须采取防止短路或接地的措施。

（7）更换户外式熔断器的熔丝或拆搭接头时，应在线路停电后进行。如需作业时必须在监护人的监护下进行间接带电作业，但严禁带负荷作业。

（8）严禁在电流互感器二次回路中带电工作。

2.2.3 停电作业

在全部停电和部分停电的电气设备上工作时，必须完成下列技术措施：

（1）停电。

1）工作地点需要停电的设备有：施工、检修与试验的设备；工作人员在工作中，正常活动范围边沿与设备带电部位的安全距离小于 0.7m；在停电检修线路的工作中，如与另一带电线路交叉或接近，其安全距离小于 1.0m（10kV 及以下）时，则另一带电回路应停电；工作人员周围临近带电导体且无可靠安全措施的设备；两台配电变压器低压侧共用一个接地体时，其中一台配电变压器低压出线停电检修，另一台配电变压器也必须停电。

2）工作地点需要停电的设备，必须把所有有关电源断开，每处必须有一个明显断开点。

3）断开开关的操作电源，刀开关操作把手必须制动。

（2）验电。

1）在停电设备的各个电源端或停电设备的进出线处，必须用合格的相应电压等级的专用验电笔进行验电。

2）不得以设备分合位置标示牌的指示、母线电压表指示零位、电源指示灯泡熄灭、电动机不转动、电磁线圈无电磁响声及变压器无响声等，作为判断设备已停电的依据。

3）检修开关、刀开关或熔断器时，应在断口两侧验电，杆上电力线路验电时，应先验下层，后验上层；先验距人体较近的导线，后验距人体较远的导线。

（3）挂接地线。

1）经验明停电设备两端确无电压后，应立即在检修设备的工作点（段）两端导体上挂接地线。为防止工作地段失去接地线保护，断开引线时，应在断开的引线两侧挂接地线。

2）凡有可能送电到停电检修设备上的各个方面的线路（包括零线）都要挂接地线。同杆架设的多层电力线路挂接地线时，应先挂下层导线，后挂上层导线；先挂离人体较近的导线（设备），后挂离人体较远的导线（设备）。

3）当运行线路对停电检修的线路或设备产生感应电压而又无法停电时，应在检修的线路或设备上加挂接地线。

4）挂接地线时，必须先将地线的接地端接好，然后再在导线上挂接。拆除接地线的程序与此相反。接地线与接地极的连接要牢固可靠，不准用缠绕方式进行连接，禁止使用短路线或其他导线代替接地线。若设备处无接地网引出线时，可采用临时接地棒接地，接地棒在地面下的深度不得小于0.6m。为了确保操作人员的人身安全，装、拆接地线时，应使用绝缘棒或戴绝缘手套，人体不得接触接地线或未接地的导体。

5）严禁工作人员或其他人员移动已挂接好的接地线。如需移动时，必须经过工作许可人同意并在工作票上注明。

6）接地线由一根接地段与三根或四根短路段组成。接地线必须采用多股软裸铜线，每根截面不得小于25mm^2。严禁使用其他导线作接地线。

7）由单电源供电的照明客户，在户内电气设备停电检修时，如果进户线刀开关或熔断器已断开，并将配电箱门锁住，可不挂接地线。

（4）装设遮栏和悬挂标示牌。

1）在一经合闸即可送电到工作地点刀闸，已停用但一经合闸即可启动并造成人身触电危险或设备损坏或引起总剩余电流动作保护器动作的设备，以及经合闸会使两个电源系统并列或引起反送电的开关操作手柄上应悬挂“禁止合闸，有人工作”的标示牌。

2）在运行设备周围的固定遮栏上、施工地段附近带电设备的遮栏上、因电气施工禁止通过的过道遮栏上和低压设备做耐压试验的周围遮栏上应挂“止步，有电危险”的标示牌。

3）在邻近带电线路设备的场所，因工作人员或其他人员可能误登的电杆或配电变压器的台架和距离线路或变压器较近，有可能误攀登的建筑物处挂“禁止攀登，有电危险”的标示牌。

4）装设的临时木（竹）遮栏，距低压带电部分的距离应不小于0.2m，户外安装的遮栏高度应不低于1.5m，户内应不低于1.2m。临时装设的遮栏应做到牢固、可靠。

5）严禁工作人员和其他人员随意移动遮栏或取下标示牌。

2.3 外伤急救

2.3.1 外伤急救的基本要求

外伤急救必须做到迅速、就地、准确、坚持。外伤急救的基本原则是：先抢后救、先重后轻、先急后缓、先近后远、先止血后包扎、先固定后搬运。

2.3.2 外伤急救的四项技术

1. 止血

常用的止血方法有指压动脉、直接压盘、加压包扎、填塞、止血带五种，使用时要根据具体情况，可选用一种，也可以把几种止血法结合一起应用，以达到最快、最有效、最安全的止血目的。

（1）指压动脉止血法。用手指（拇指）或手掌压住出血血管（动脉）的近心端，使血管被压在附近的骨块上，从而中断血液流动，能有效达到快速止血的目的。

（2）直接压迫止血法。这种方法适用于较小伤口的出血，用无菌纱布直接压迫伤口处，压迫约 10min。

（3）加压包扎止血法。这种方法适用于各种伤口，是一种比较可靠的非手术止血法。加压包扎止血法操作时先用无菌纱布覆盖压迫伤口，再用三角巾或绷带用力包扎，包扎范围应该比伤口稍大。在现场没有无菌纱布时，可使用消毒卫生巾、餐巾等代替。

（4）填塞止血法。适用于颈部和臀部较大而深的伤口；先用镊子夹住无菌纱布塞入伤口内，如一块纱布止不住出血，可再加纱布，最后用绷带或三角巾绕颈部至对侧臂根部包扎固定。

（5）止血带止血法。止血带止血法只适用于四肢大出血，当其他止血法不能止血时才用此法。止血带有橡皮止血带（橡皮条和橡皮带）、气性止血带（如血压计袖带）和布制止血带。在现场没有止血带时，可用弹性较好的布带等代替。止血带止血操作时应先用数层柔软布片或伤员的衣袖等垫在止血带下面，以刚使肢端动脉搏动消失为度。上肢每 60min，下肢每 80min 放松一次，每次放松 1～2min。开始扎紧与每次放松的时间均应书面标明在止血带旁。扎紧时间不宜超过 4h。不要在上臂中 1/3 处和腋窝下使用止血带，以免损伤神经。若放松时观察已无大出血可暂停使用。严禁用电线、铁丝、细绳等作为止血带使用。

2. 包扎

伤口包扎时应做到动作轻巧，不要碰撞伤口，以免增加出血量和疼痛。接触伤口面的敷料必须保持无菌，以免增加伤口感染的几率。包扎要快且牢靠，松紧度要适宜，打结避开伤口和不宜压迫的部位。常用的包扎用品有创可贴、尼龙网套、绷带、三角巾等。在现场没有以上用品时，也可就地取材，用衣服、毛巾等作为包扎材料。

3. 固定

（1）实施骨折固定先要注意伤员的全身状况，如心脏停搏要先复苏处理；如有休克要先抗休克或同时处理休克；如有大出血要先止血包扎，然后固定。

（2）固定的目的不是让骨折复位，而是防止骨折断端的移动，所以刺出伤口的骨折端不应该送回。

（3）固定器材的选择：最好用夹板固定，如无夹板可就地取材。在山区可用木棍、树枝，在工厂可用纸板或机器的杆柄，在战地可用枪支。在一无所有的情况下，可利用自身固定，如上肢可固定在躯体上，下肢可利用对侧固定。手指可与邻指固定。

（4）固定时动作要轻巧，固定要牢靠，松紧要适度，皮肤与夹板之间要垫适量的软物，尤其是夹板两端骨突出处和空隙部位更要注意，以防局部受压引起缺血坏死。

4. 搬运

（1）搬运伤员时应使伤员平躺在担架上，腰部束在担架上，防止跌下。搬运过程中要动作轻稳、协调一致。平地搬运时伤员头部在后，上楼、下楼、下坡时头部在上。

（2）要注意不同伤情不同搬运。

（3）用车搬运时，伤员在车上宜平卧，一般情况下，禁使头部处于低位。以免加重脑出血、脑水肿，如遇病人昏迷，应将其头偏向一侧，以免呕吐物吸入气管，发生窒息。头部应与车辆行进的方向相反，以免晕厥，加重病情。

（4）搬运过程中要密切观察伤员伤情，防止伤情突变。

（5）先固定、止血，再搬运。

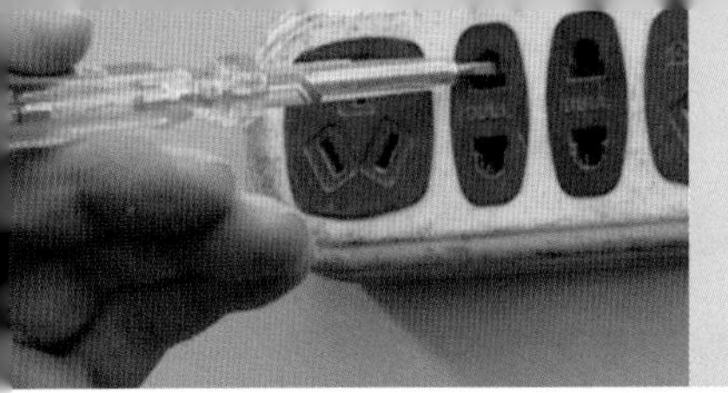

第3章 工器具及其使用

3.1 个 人 工 具

农网配电营业工（运行）常用的个人工具有：钢丝钳、尖嘴钳、拔销钳、活络扳手、电工刀和榔头等。

3.1.1 钢丝钳

1. 相关知识

钢丝钳，俗称卡钳、手钳，又称电工钳、平口钳，是电工使用的基本工具之一。它由钳头和钳柄组成，其结构如图 1-3-1 所示。钳头有四口：钳口、齿口、刀口和铡口。在实际应用中，并不是每种钢丝钳钳头都有四口。根据需求的不同有细微的差别。

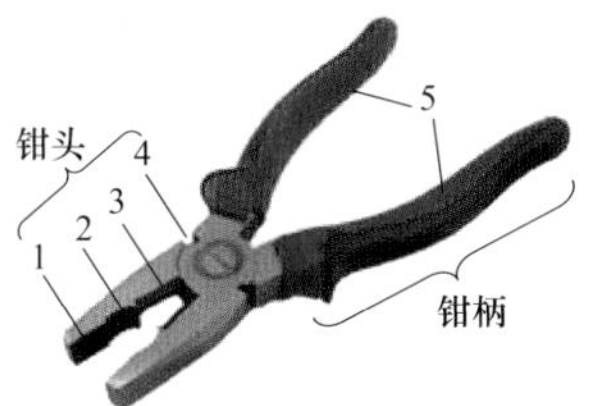

图 1-3-1 钢丝钳的结构
1—钳口；2—齿口；3—刀口；4—铡口；5—钳柄套

钳头不可作为敲打工具使用，平时应注意防锈，钳头的轴销上应经常加油润滑。钳柄套是绝缘套管，电工用的钢丝钳必须是外观完好的。使用前要特别注意电工钳的剪切能力，要量力而行，不可以超负荷地使用。即使使用耐高压电工钳，也应尽量避免在通电情况下作业，以免发生触电危险。

2. 使用方法

钢丝钳的功能很多，可用钳口或齿口弯铰电线，如图 1-3-2（a）所示。用刀口切断电线。用刀口剥去塑料线的绝缘层，如图 1-3-2（b）所示。在活络扳手施展不开的场合用钳口或齿口来扳旋小螺母，如图 1-3-2（c）所示。用铡口来铡切钢丝或铅线（铁线），如图 1-3-2（d）所示。以及铜、铝芯多股电线与设备的针孔式接线桩头连接时，用钢丝钳钳口或齿口绞紧线头。此外，钢丝钳的刀口可以用来拔起铁钉，钳头用来削平配线钢管管口的毛刺等。

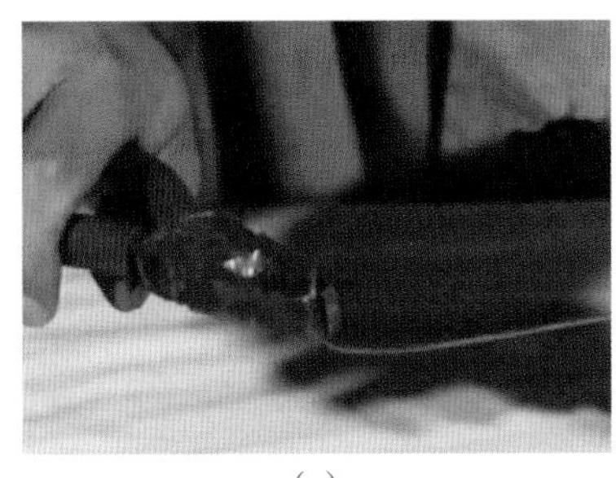
（a）

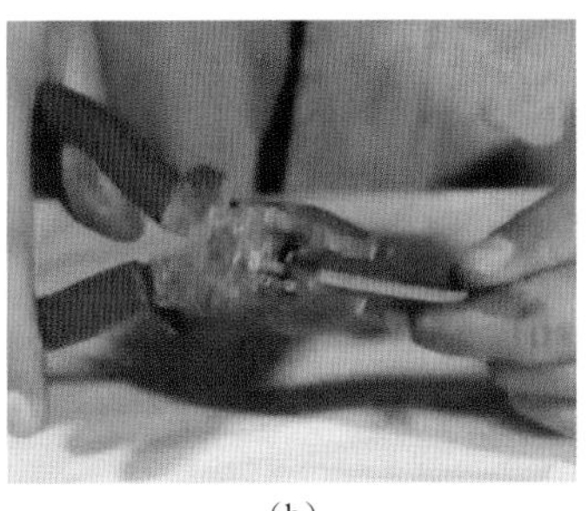
（b）

图 1-3-2 钢丝钳功能（一）
（a）钳口弯绞导线；（b）刀口剥绝缘层

（c）

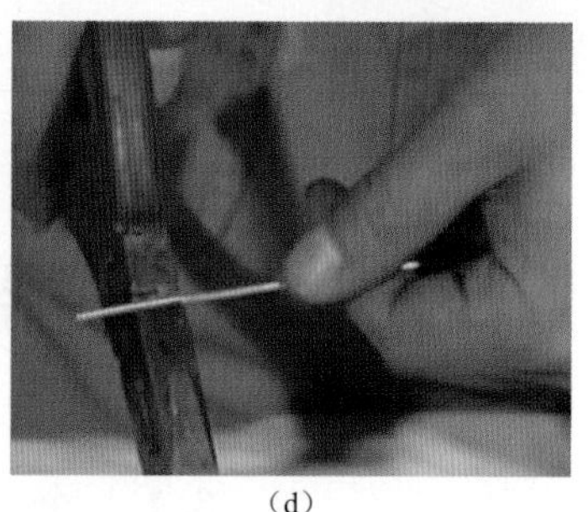
（d）

图 1-3-2　钢丝钳功能（二）
（c）齿口扳旋小螺母；（d）铡口切钢丝

3.1.2　尖嘴钳

1. 相关知识

尖嘴钳的头部“尖细”，如图 1-3-3 所示，结构和用法与钢丝钳相似。

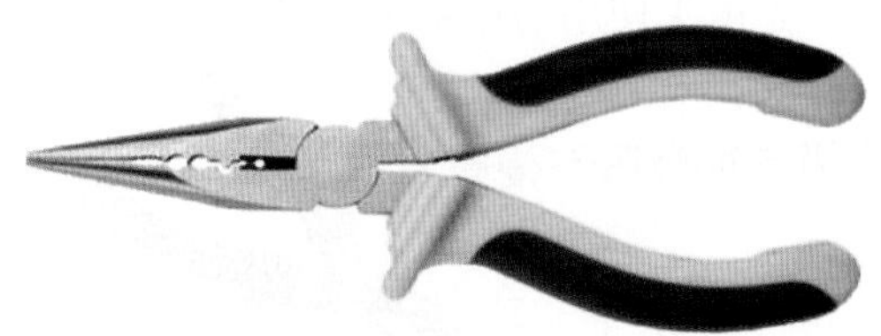
图 1-3-3　尖嘴钳

2. 使用方法

尖嘴钳适用于在狭小的工作空间操作，能夹持较小的螺钉、垫圈、导线及电器元件，如图 1-3-4所示。在安装控制线路时，尖嘴钳能将单股导线弯成接线端子（线鼻子），如图 1-3-5所示。有刀口的尖嘴钳还可剪断导线、剖削绝缘层。

图 1-3-4　用尖嘴钳夹持较小的螺钉

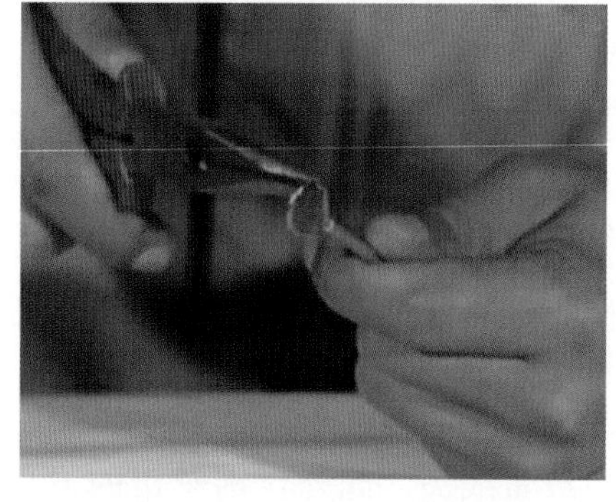
图 1-3-5　用尖嘴钳弯线鼻子

3.1.3　拔销钳

拔销钳用于线路工作中摘取绝缘子的弹簧销，有停电和带电之分。停电使用的多半是手握式的，有普通型和“Z”型两种。带电有手握式和绝缘操作杆两大类，手握与停电时是一样的；绝缘操作杆有直线拔销钳、耐张拔销钳之分。它与尖嘴钳外形不同的是，拔销钳的钳口为空心，其目的是能有效、迅速、稳定地摘取弹簧销，如图 1-3-6 所示。

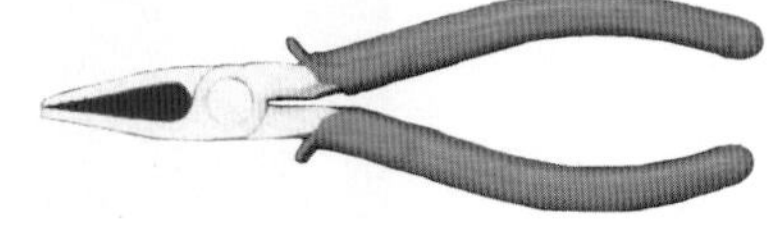
图 1-3-6　拔销钳

3.1.4　活络扳手

1. 相关知识

活络扳手，又叫活格扳头、活扳手。活络扳手是一种旋紧或起松有角螺栓或螺母的工具。它的结构如图 1-3-7 所示，主要由呆扳唇、活络扳唇、蜗轮、轴销、手柄等构成。转动活络扳手的蜗轮，就可以调节扳口的大小。电工常用的有200、250、300mm 三种扳口大小，使用时应根据螺母的大小选配适当规格的活络扳手，以免活络扳手过大，损伤螺母；或螺母过大，损伤扳手。

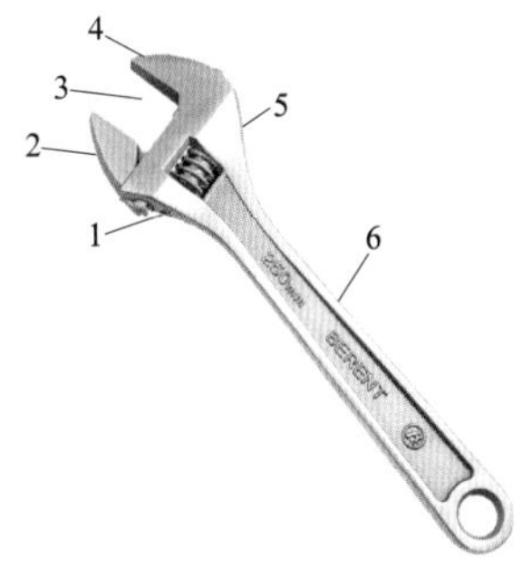

图 1-3-7 活络扳手的结构

1—轴销；2—活络扳唇；3—扳口；4—呆扳唇；5—蜗轮；6—手柄

2. 使用方法

活络扳手一般有两种握法：①扳动大螺母时，手应该握在柄上，手的位置越后，扳动起来就越省力，如图 1-3-8（a）所示；②扳动小螺母时，因需要不断地转动蜗轮，调节扳口的大小，所以手应握在靠近呆扳唇的位置，并用大拇指调制蜗轮，以便随时调节板口大小，如图 1-3-8（b）所示。

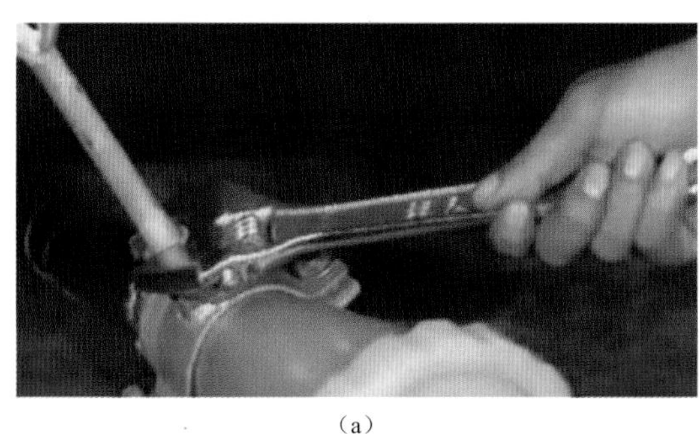
（a）

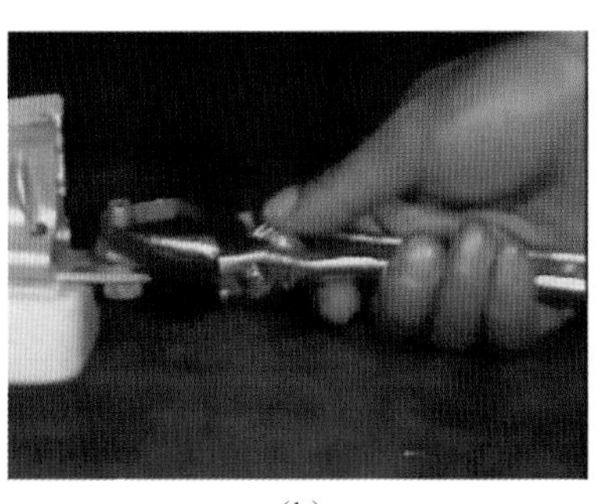
（b）

图 1-3-8 活络扳手的握法

（a）扳动大螺母的握法；（b）扳动小螺母的握法

活络扳手的扳口夹持螺母时，呆扳唇在上，活络扳唇在下。活络扳手切不可反过来使用。在使用活络扳手时，不论扳动大螺母还是小螺母，都需要把活络扳唇夹紧螺母后才能扳动，否则扳口容易打滑，既可能损伤螺母，又可能碰伤手指。

在扳动生锈的螺母时，可在螺母上滴几滴煤油或机油。在拧不动时，切不可采用钢管套在活络扳手的手柄上来增加扭力，因为这样极易损伤活络扳唇。

3.1.5 电工刀

1. 相关知识

电工刀是用来剖削和切割电工器材的常用工具，如图 1-3-9 所示。电工刀常用来剖削电线线头，切割木台缺口，削制木榫。使用时，刀口应朝外进行操作；使用完毕，应随即把刀身插入刀柄内。电工刀的刀柄结构是没有绝缘的，不能在带电体上使用，以免触电。

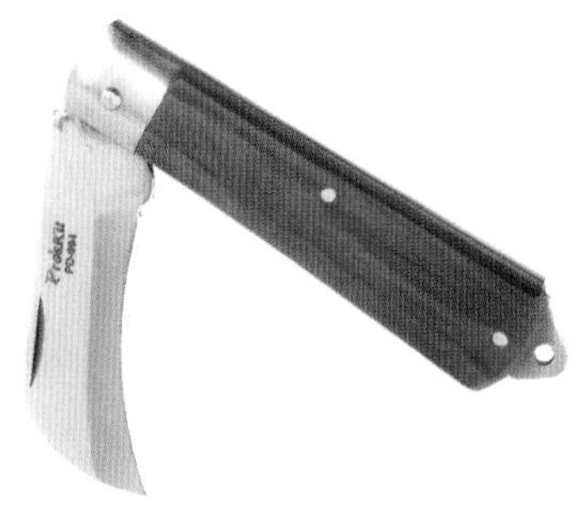
图 1-3-9 电工刀

2. 使用方法

电工刀的刀口就在单面上磨出呈圆弧状的刃口。电工刀的刀口磨制很有讲究。刀刃部分要磨得锋利一些，但不能太尖，太尖容易削伤线芯；磨得太钝，无法剖削。磨制刀刃时底部平磨，而面部要把刀背抬高 5～7mm，使刀倾斜约 45°；

磨好后再把底部磨点倒角。

对于截面积规格较大的塑料线，可用电工刀来剖削绝缘层，一般采用斜削法。剖削时，应使电工刀刀口向外，以45°角倾斜切入塑料层，不可切着线芯。更不可垂直切入，以免损伤芯线，如图1-3-10所示。线头剖削的步骤和方法：①电工刀以45°角倾斜切入塑料层；②刀面与线芯保持约15°的角度，像削铅笔似的向线端推削；③用力向外削出一条缺口；④把另一部分塑料层剥离线芯，并将这部分塑料层扳转翻下；⑤用电工刀切去这部分塑料层；⑥线头的塑料层全部削去，露出了芯线。

图1-3-10 用电工刀剖剥绝缘层

3.1.6 榔头

1. 相关知识

榔头，又叫手锤或锤子，由锤头和握持手柄两部分组成，如图1-3-11所示。榔头是一种敲打工具，式样和规格很多，电工常用的是0.5、0.75kg重的奶子榔头。

2. 使用方法

用榔头敲打物体时，右手应握在木柄的下部，如图1-3-12所示。

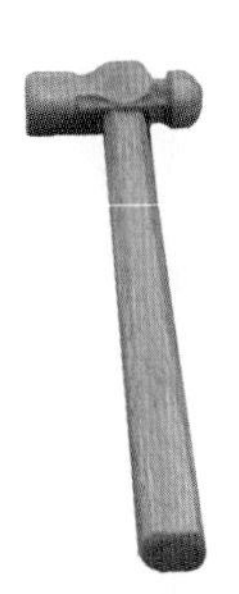

图1-3-11 榔头

图1-3-12 榔头的使用

挥锤三法：

（1）手挥：只有手的运动，锤击力最小，此法多用于凿打水泥墙上木枕孔、錾削铁件开始与结尾以及錾油槽等场合。

（2）肘挥：手与肘部一起动作，锤击力大，此法应用最广。

（3）臂挥：手及主臂都一起运动，锤击力最大，此法应用比较少。挥锤速度，一般每分钟40～50次左右，榔头冲击时速度应快，以便获得较大的锤击力；榔头离开錾子的速度比较慢些。两足站立，全身自然，便于用力。

3.2 安全用具

农网配电运行人员使用的安全用具可分为绝缘安全用具和一般防护安全用具两大类。

1. 绝缘安全用具

绝缘安全用具又分为基本安全用具和辅助安全用具两类。

（1）基本安全用具。绝缘强度大、能长时间承受电气设备的工作电压，能直接用来操作带电设备或接触带电体的用具。高压绝缘基本安全用具有高压绝缘棒、高压验电器、绝缘夹钳等；低压绝缘基本安全用具有绝缘手套、装有绝缘柄的工具和验电笔等。

（2）辅助安全用具。绝缘强度不足以承受电气设备或线路的工作电压，而只能加强基本安全用具的保安作用，用来防止接触电压、跨步电压、电弧灼伤对操作人员伤害的用具。不能用辅助安全用具直接接触高压电气设备的带电部分。高压绝缘辅助安全用具有绝缘手套、绝缘靴（鞋）、绝缘垫、绝缘站台等。低压绝缘辅助安全用具有绝缘站台、绝缘垫、绝缘靴（鞋）等。

2. 一般防护安全用具

一般防护安全用具是指本身没有绝缘性能，但可以起到防护工作人员发生事故的用具。这种安全用具主要用作防止检修设备时误送电，防止工作人员走错间隔、误登带电设备，保证人与带电体之间的安全距离，防止电弧灼伤、高空坠落等。属于这类的安全用具有：携带式接地线、个人保安线、防护眼镜、安全帽、安全带、标示牌、临时遮栏等。此外，登高用的梯子、脚扣、升降板等也属于这类安全用具。

3.2.1 绝缘安全用具

1. 绝缘棒

（1）相关知识。绝缘棒又称为操作棒或绝缘拉杆，如图 1-3-13（a）所示。它主要用于断开或闭合高压隔离开关、跌落式熔断器、安装和拆除携带型接地线、进行带电测量和实验工作等。绝缘棒由工作部分、绝缘部分和握手部分组成，如图 1-3-13（b）所示。工作部分一般用金属制成，也可以用玻璃钢或具有较大机械强度的绝缘材料制成；绝缘和握手两部分用护环隔开，它们由浸过绝缘漆的木材、硬塑料、胶木或玻璃钢制成。

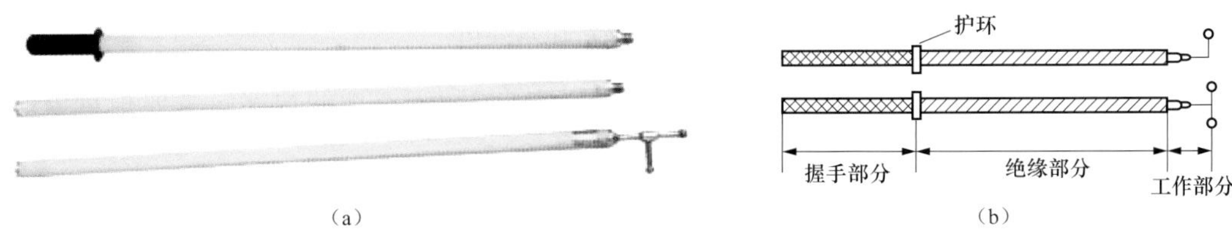

图 1-3-13 绝缘棒

（a）绝缘棒实物；（b）绝缘棒的结构

绝缘棒的绝缘部分须光洁、无裂纹或硬伤，其长度根据工作需要、电压等级和使用场所而定。适用于各电压等级的绝缘棒的技术要求见表 1-3-1。

表 1-3-1 适用于各电压等级的绝缘棒的技术要求

电压	绝缘棒		工作部分长度（mm）	绝缘部分长度（mm）	手握部分长度（mm）	棒身直径（mm）	钩子宽度（mm）	钩子终端直径（mm）
	全长(mm)	节数						
500V	1640	1	185	1000	455	38	50	13.5
10kV	2000	2		1200	615			
35kV	3025	3		1950	890			

为了便于携带和保管，往往将绝缘棒分段制作，每段端头有金属螺丝，用以相互镶接，也可以用其他方式连接，使用时将各段接上或拉开即可。

（2）使用方法。

1）必须根据线路电压等级选择相应耐压强度的绝缘棒。

2）绝缘棒使用前应仔细检查绝缘杆各部分的连接是否牢固，有无损坏和裂纹，并用清洁干燥的毛巾擦拭干净。

3）手握绝缘棒进行操作时，手不得超过护环。作业人员应戴绝缘手套和穿绝缘靴（鞋），以加强绝缘棒保安作用。

4）在下雨、下雪天用绝缘棒操作室外高压设备时，绝缘棒应有防雨罩，以使罩下部分的绝缘棒保持干燥。

5）使用绝缘棒时要注意存放在的地方，以防止受潮。一般应放在特制的架子或垂直悬挂在专用挂架上，以防止弯曲变形。

6）绝缘棒不得直接与墙或地面接触，以防止碰伤其绝缘表面。

2. 绝缘夹钳

（1）相关知识。绝缘夹钳是用来安装和拆卸高压熔断器或执行其他类似工作的工具，主要用于35kV及以下电力系统，结构如图1-3-14所示。绝缘夹钳由工作部分、绝缘部分和握手部分组成。各部分所用的材料与绝缘棒相同，不同的是它的工作部分是一个强固的夹钳，并有一个或两个管型的钳口，用以夹紧熔断器。

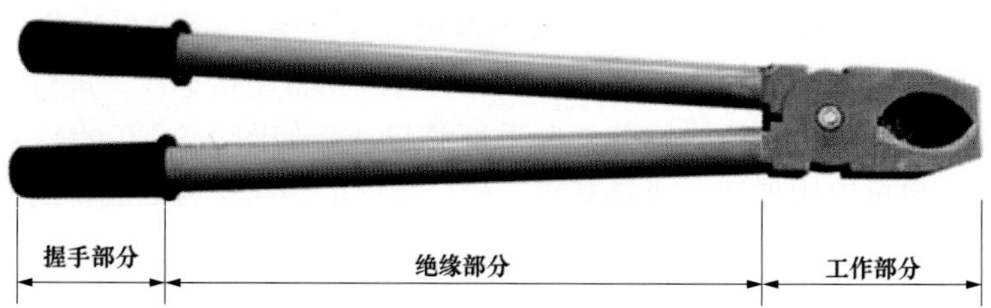

图1-3-14 绝缘夹钳的结构

绝缘夹钳的绝缘部分和握手部分的最小长度不应小于表1-3-2的数字，主要根据电压等级和使用场所而定。

表1-3-2　绝缘夹钳的最小长度

电压（kV）	室内设备用		室外设备及架空线用	
	绝缘部分（m）	握手部分（m）	绝缘部分（m）	握手部分（m）
10	0.45	0.15	0.75	0.20
35	0.75	0.20	1.20	0.20

（2）使用方法。

1）绝缘夹钳上不允许装接地线，以免在操作时，由于接地线在空中游荡而造成接地短路和触电事故。

2）在潮湿天气只能使用专用的防雨或防潮绝缘夹钳。

3）作业人员工作时，应戴护目眼镜、绝缘手套和穿绝缘靴（鞋）或站在绝缘台（垫）上，手握绝缘夹钳要精力集中并保持平衡，操作时应集中精神。

4）绝缘夹钳要保存在专用的箱子或匣子里，以免受潮和磨损。

3. 验电笔

验电笔是用来判断照明电路中的火线（相线）和零线（中性线）、检验低压电气设备是否漏电的常用工具。目前，低压验电笔通常有氖管式验电笔、数字式验电笔和感应式验电笔三种，最常用的是前两种。

（1）氖管式验电笔。按照外形可分为螺丝刀形和笔形，通常由笔尖（工作触头）、电阻、氖管、弹簧和尾端金属部分等组成，如图 1-3-15（a）所示。氖管式验电笔利用电容电流经氖管灯泡发光的原理制成，故也称发光型验电笔。

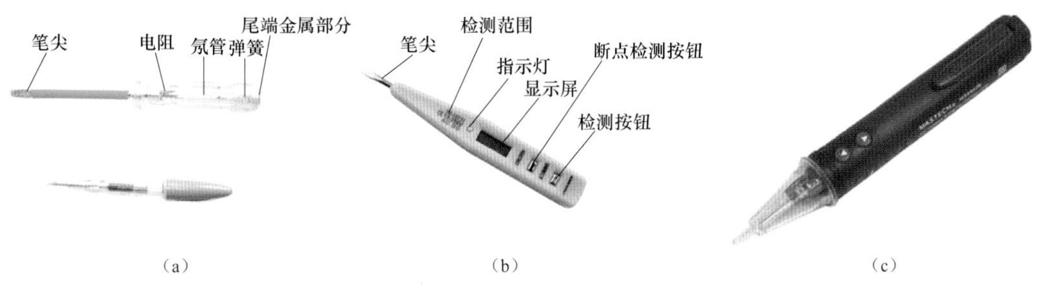

图 1-3-15　验电笔

（a）氖管式验电笔；（b）数字式验电笔；（c）感应式验电笔

氖管式验电笔在使用中需注意以下几点：

1）使用前检查验电笔里有无安全电阻，再直观检查验电笔是否有损坏，有无受潮或进水，然后在确认有电的设备上进行试验，确认验电笔良好后方可进行验电。在强光下验电时，应采取遮挡措施，以防误判。

2）如图 1-3-16 所示，使用氖管式验电笔时，一定要用手触及验电笔尾端的金属部分，否则，因带电体、验电笔、人体与大地没有形成回路，验电笔中的氖管不会发光，造成误判，认为带电体不带电。不能用手触及验电笔前端的金属探头，这样做会造成人身触电事故。

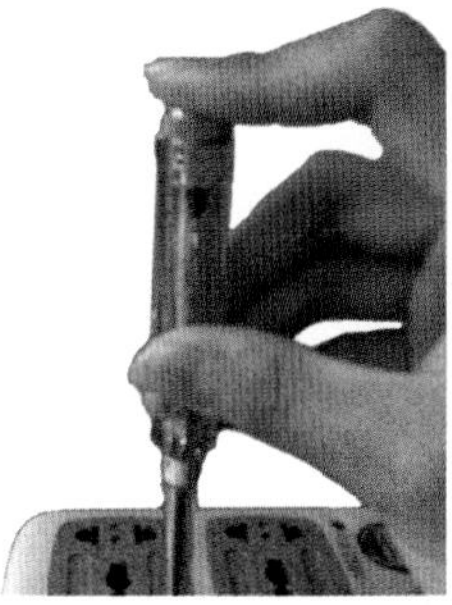

3）验电笔可以区分相线和地线（或中性线），接触电线时，使氖管发光的线是相线，氖管不发光的线为地线（或中性线）。

4）验电笔可区分交流电和直流电。使氖管式验电笔氖管两极发光的是交流电；一极发光的是直流电，氖管的前端指验电笔笔尖一端，氖管后端指手握的一端，前端明亮为负极，反之为正极。测试时要注意：电源电压为 110V 及以上；若人与大地绝缘，一只手摸电源任一极，另一只手持氖管式验电笔，电笔金属头触及被测电源另一极，氖管前端极发亮，所测触的电源是负极；若是氖管的后端极发亮，所测触的电源是正极，这是根据直流单向流动和电子由负极向正极流动的原理。

图 1-3-16　使用氖管式验电笔测试

5）验电笔可以判断电压的高低。如果氖管灯光发亮至黄红色，则电压较高；如氖管发暗微亮至暗红，则电压较低。

6）验电笔可以判断交流电的同相和异相。两手各持一支验电笔，站在绝缘体上，将两支笔同时触及待测的两条导线，如果两支验电笔的氖管均不太亮，则表明两条导线是同相；若发出很亮的光表明是异相。

7）测试直流电是否接地并判断是正极还是负极接地。在要求对地绝缘的直流装置中，人站在地上用验电笔接触直流电，如果氖管发光，说明直流电存在接地现象；反之则不接地。当验电笔尖端一极发亮时，说明正极接地，若手握的一极发亮，则是负极接地。

8）不得随便拔掉或损坏验电笔工作触头金属部位的绝缘套保护管，防止在测量电源时，手指误碰工作触头金属部位，从而避免触电伤害事故的发生。

（2）数字式验电笔。由笔尖（工作触头）、指示灯、显示屏、检测按钮、断点检测按钮、电池等组成，如图 1-3-15（b）所示，适用于检测 12～220V 交直流电压和各种电器。数字式验电笔除了具有氖管式验电笔通用的功能，还有以下特点：

1）当右手手指按断点检测按钮，并将左手触及笔尖时，若指示灯发亮，则表示正常工作；若指示灯不亮，则应更换电池。

2）测试交流电时，切勿按电子感应按钮。将笔尖插入相线孔时，指示灯发亮，则表示有交流电；需要电压显示时，则按检测按钮，最后显示数字为所测电压值；未到高段显示值 75%时，显示低段值。

（3）感应式验电笔。根据电场感应的原理进行工作的，如图 1-3-15（c）所示，当验电笔靠近 220V 电源线 2～5cm 时即可发出声光指示。如图 1-3-17 所示，采用感应式验电笔测试时，无需与带电体物理接触，可检查控制线、导体和插座上的电压或沿导线检查断路位置，可以极大限度地保障检测人员的人身安全。

图 1-3-17 使用感应式验电笔测试

感应式验电笔有以下特点：

1）感应式验电笔可以区分没有靠在一起的零线（中性线）和火线（相线），火线（相线）有声音，零线（中性线）没有声音。

2）感应式验电笔在感应到交流电压时，会有不间断连续声音及 LED 灯高亮提示。

3）感应式验电笔能够找出线路中的断点。将感应式验电笔沿着火线（相线）线路测试，测试信号消失的地方即为断点；测试零线（中性线）线路的断点，需在零线（中性线）和火线（相线）之间加载一个用电器，然后将感应式验电笔沿着零线（中性线）线路测试，测试信号消失的地方即为断点。

4）感应式验电笔不能够测试的线缆有绝缘保护层有水渗透的电缆、已屏蔽线缆、管道里的电缆、面板后边的线缆及金属性护栏里的线缆。

4. 高压验电器

验电器又称为测电器、试电器或电压指示器。根据所使用的工作电压，高压验电器一般分为 10kV 验电器、110kV 验电器、220kV 验电器、330kV 验电器和 500kV 验电器等，如图 1-3-18 所示。

（1）用途。验电器是检验电气设备、电器、导线是否有电的一种专用安全用具。当每次断开电源进行检修时，必须先用它验明设备确实无电后，方可进行工作。

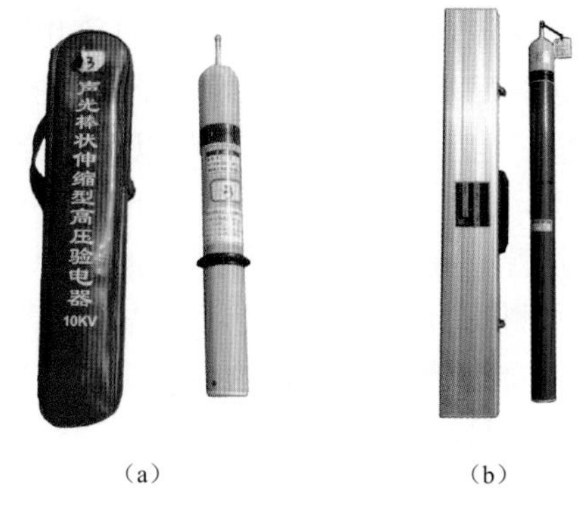

（a） （b）

图 1-3-18 高压验电器

（a）10kV 验电器；（b）220kV 验电器

（2）结构。验电器包括指示器和支持器两部分，如图 1-3-19 所示。

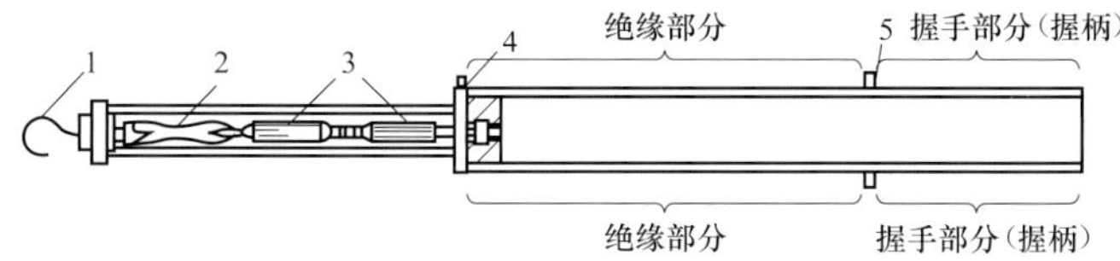

图 1-3-19 高压验电器的结构

1—工作触头；2—氖灯；3—电容器；4—金属接头；5—隔离护环

指示器是一个用绝缘材料制成的空心管，管的一端装有金属制成的工作触头，管内装有一个氖灯和一组电容器，在管的另一端装有一金属接头，用来将管连接在支持器上；支持器是用胶木或硬橡胶制成的，分为绝缘部分和握手部分（握柄），在两者之间装有一个比握柄直径稍大的隔离护环。

（3）使用注意事项。

1）每次使用前都必须认真检查，主要检查绝缘部分有无污垢、损伤、裂纹；检查指示氖灯是否损坏、失灵。

2）必须使用电压和被验设备电压等级一致的合格验电器。验电操作顺序应按照验电“三步骤”进行，即在验电前，应将验电器在带电的设备上验电，以验证验电器是否良好，然后再在已停电的设备进出线两侧逐相验电。当验明无电后，再将验电器在带电设备上复核一次，看其是否良好。

3）验电时，应戴绝缘手套，验电器应逐渐靠近带电部分，直到氖灯发亮为止，验电器不要立即直接触击带电部分。

4）验电时，验电器不应装接地线，除非在木梯、木杆上验电，不接地不能指示者，才安装接地线。

5）验电器用后应存放在匣内，置于干燥处，避免积灰和受潮。

5. 绝缘手套

（1）相关知识。绝缘手套是用在高压电气设备上进行操作时使用的辅助安全用具，如用来操作高压隔离开关、高压跌落式开关、油开关等；在低压带电设备上工作时，把它作为基本安全用具使用，即使用绝缘手套可直接在低压设备上进行带电作业。如图 1-3-20 所示，绝缘手套都是用特种橡胶制成，按试验电压的等级 12kV 和 15kV 两种。

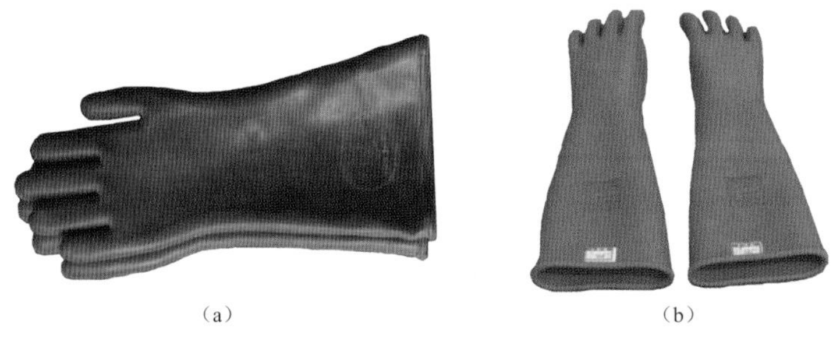

（a）　　　　（b）

图 1-3-20 绝缘手套

（a）普通绝缘手套；（b）进口绝缘手套

（2）使用方法。

1）每次使用前应进行外部检查，查看表面有无损伤、磨损或破漏、划痕等。如有砂眼漏气情况，应严禁使用。

2）使用绝缘手套时，里面最好戴上一双棉纱手套，这样夏天可防止因出汗而操作不便，冬天可以保暖。戴绝缘手套时，应将袖口放入手套伸长部分。

3）绝缘手套使用后应擦净、晒干，最好撒上一层滑石粉，以免粘连。

4）绝缘手套使用后应存放在干燥、阴凉的地方，并倒置放在专用柜中。

6. 绝缘靴（鞋）

（1）相关知识。绝缘靴（鞋）的作用是使人体与地面绝缘。绝缘靴是高压操作时用来与地面保持绝缘的辅助安全用具，而绝缘鞋用于低压系统中，两者都可作为防护跨步电压的基本安全用具，如图 1-3-21 所示。绝缘靴（鞋）也是由特种橡胶制成的。绝缘靴的规格有：37～41 号，靴高 230±10mm；41～43 号，靴高 250±10mm。绝缘鞋的规格为 35～45 号。

图 1-3-21　绝缘靴

（2）使用方法。

1）绝缘靴（鞋）不得当做雨鞋使用，其他非绝缘鞋不能代替绝缘靴（鞋）使用。

2）为使用方便，一般现场至少配备大、中号绝缘靴（鞋）各两双，以便于大家都有靴（鞋）穿。

3）绝缘靴（鞋）如试验不合格，则不能再穿用。

4）绝缘靴（鞋）在每次使用前必须进行外部检查，查看表面情况，如有砂眼漏气，应严禁使用。

5）绝缘靴（鞋）应存放在干燥、阴凉的地方，并放在专用柜中，并与其他工具分开放置，其上不得堆压任何物件。

7. 绝缘垫

（1）相关知识。绝缘垫的作用与绝缘靴（鞋）基本相同，因此可把它视为是一种固定的绝缘靴（鞋）。绝缘垫一般铺在配电装置室等地面上以及控制屏、保护屏和发电机、调相机的励磁机等端处，以便带电操作开关时，增强操作人员的对地绝缘，避免或减轻发生单相短路或电气设备绝缘损坏时，接触电压与跨步电压对人体的伤害；在低压配电室地面上铺绝缘垫，可代替绝缘靴（鞋），起到绝缘作用，因此在 1kV 及以下时，绝缘垫可作为基本安全用具；而在 1kV 以上时，仅作辅助安全用具。

绝缘垫也是由特种橡胶制成的，表面有防滑条纹或压花，有时也称它为绝缘毯，如图 1-3-22 所示。绝缘垫的厚度有 4、6、8、10、12mm 五种，宽度为 1m，长度为 5m，其最小尺寸不宜小于 0.75m×0.75m。

图 1-3-22　绝缘垫

（2）使用方法。

1）在使用过程中，应保持绝缘垫干燥、清洁，注意防止与酸、碱及各种油类物质接触，以免受腐蚀后老化、龟裂或变黏，降低其绝缘性能。

2）绝缘垫应避免阳光直射或锐利金属划刺，存放时应避免与热源（暖气等）距离太近，以防急剧老化变质，绝缘性能下降。

3）使用过程中要经常检查绝缘垫有无裂纹、划痕等，发现有问题时要立即禁用并及时更换。

8. 绝缘站台

绝缘站台是电工带电操作用的辅助保护用具，它可取代绝缘靴（鞋）和绝缘垫。绝缘站台的台面，由直纹无节干燥的条形木栅板制成，台面油漆后支撑在绝缘子上，如图 1-3-23 所示。

图 1-3-23 绝缘站台

绝缘站台的最小尺寸为 750mm×750mm。为了便于移动、打扫和检查，其最大尺寸不得超过 1500mm×1000mm。

绝缘站台应放置在坚硬、干燥的地点，用于室外时，如果地面松软，则应在站台下面垫一块坚实的垫板，以免台脚陷入泥土或站台触及地面而降低其绝缘性能。

3.2.2 防护安全用具

为了保证电力工人在生产中的安全和健康，除在作业中使用基本安全用具和辅助安全用具外，还应使用必要的防护安全用具，如安全带、安全帽、安全绳、护目镜等，这些防护用具等作用是其他安全用具不能替代的。

1. 安全带

（1）相关知识。安全带是高处作业人员预防坠落伤亡的防护用品。它广泛用于在架空输配电线路杆塔上进行施工安装、检修作业时，为防止作业人员从高空摔落，必须使用安全带，如图 1-3-24 所示。

安全带和绳用锦纶、维尼纶、蚕丝等材料制作。但因蚕丝原料少、成本高，故目前多以锦纶为主要材料。

（2）使用方法。

1）安全带使用前，必须作一次外观检查，如发现破损、变质及金属配件有断裂者，应禁止使用；平时不用时，也应一个月作一次外观检查。

2）安全带应高挂低用或水平拴挂，高挂低用就是将安全带的绳挂在高处，人在下面工

（a）

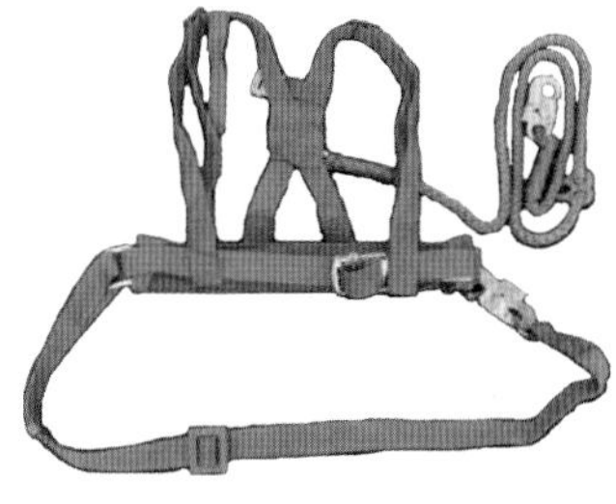

（b）

图 1-3-24 安全带

（a）普通安全带；（b）三点式安全带

作；水平拴挂就是使用单腰带时，将安全带系在腰部，绳的挂钩挂在和腰带同一水平的位置，人和挂钩保持差不多等于绳长的距离。切忌低挂高用，并应将活梁卡子系紧。

3）安全带使用和存放时，应避免接触高温、明火和酸类物质，以及有锐角的坚硬物体和化学药物。

4）安全带可放入低温水中，用肥皂轻轻擦洗，再清水漂干净，然后晾干，不允许浸入热水中，以及在日光下曝晒或用火烤。

5）安全带上的各种部件不得任意拆掉，更换新绳时要注意加绳套，带子使用期为3～5年，发现异常应提前报废。

2. 安全帽

安全帽，是用来保护使用者头部或减缓外来物体冲击伤害的个人防护用品，如图1-3-25所示。在架空线路安装及检修时，为防止杆塔上的人员和工具器材、构架相互碰撞而头部受伤，或杆塔上工作人员失落的工具和器件击伤地面人员，因此无论高处作业人员及地面配合人员都应佩戴安全帽。

安全帽的内部结构如图1-3-26所示，帽壳和帽衬之间有2～5cm的空间，帽壳呈圆弧形。帽衬做成单层的和双层的两种，双层的更安全。安全帽的重量一般不超过400g。帽壳用玻璃钢、高密度低压聚乙烯（塑料）制作，颜色一般以浅色或醒目的蓝色、白色和浅黄色为多。

图1-3-25 安全帽

图1-3-26 安全帽的内部结构

安全帽对人的保护基于以下两个原理：

（1）使冲击载荷传递分布在头盖骨的整个面积上，避免打击一点。

（2）头与帽顶空间位置构成一个能量吸收系统，起到缓冲作用，因此可减轻或避免伤害。

3. 携带型短路接地线

（1）相关知识。当对高压设备进行停电检修或进行其他工作时，接地线可防止设备突然来电和邻近高压带电设备产生感应电压对人体的危害，还可用以放尽断电设备的剩余电荷。接地线如图1-3-27所示。

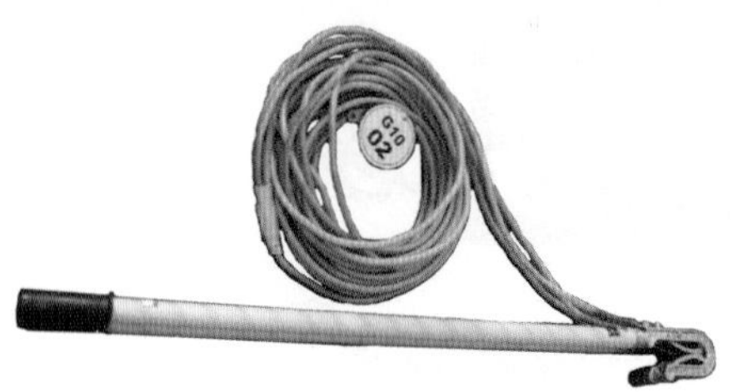
图1-3-27 接地线

携带型接地线由以下几部分组成：

1）专用接地棒。用作接地使用，埋入地下深度不小于0.6m。接地棒上有专用连接点与多股软铜线相连，并确定接触面满足要求。

2）多股软铜线。其中相同的三根短的软铜线是接向三根相线用的，它们的另一端短接在一起；用一根长的软铜线连接接地棒。多股软铜线的截面应符合短路电流的要求，即在短路电流通过时，铜线不会因产生高热而熔断，且应保持足够的机械强度，故该铜线截面不得小于 25mm²。

（2）使用方法。

1）使用时，接地线的连接器（线卡或线夹）装上后接触应良好，并有足够的夹持力，以防短路电流幅值较大时，由于接触不良而熔断或因电动力的作用而脱落。

2）应检查接地铜线和三根短接铜线的连接是否牢固，一般应由螺丝拴紧后，再加焊锡焊牢，以防因接触不良而熔断。

3）装设接地线必须由两人进行，装、拆接地线均应使用绝缘棒和戴绝缘手套。

4）接地线在每次装设以前应经过详细检查，损坏的接地线应及时修理或更换，禁止使用不符合规定的导线作接地线或短路线。

5）接地线必须使用专用线夹固定在导线上，严禁用缠绕的方法进行接地或短路。

6）每组接地线均应编号，并存放在固定的地点，存放位置亦应编号。接地线号码于存放位置号码必须一致，以免在复杂的系统中进行部分停电检修时，发生误拆或忘拆地线造成事故。

7）接地线和工作设备之间不允许连接隔离开关或熔断器，以防它们断开时，设备失去接地，使检修人员发生触电事故。

8）装设的接地线的最大摆动范围与带电部分保持安全距离。

9）接地线装拆顺序的正确与否是很重要的。装设接地线必须先接接地端，后接导体端，且必须接触良好；拆接地线的顺序与此相反。

4. 个人保安线

（1）相关知识。个人保安线应使用有透明护套的多股软铜线，截面积不准小于 16mm²，且应带有绝缘手柄或绝缘部件，如图 1-3-28 所示。工作地段如有邻近、平行、交叉跨越及同杆架设线路，为防止停电检修线路上感应电压伤人，在需要接触或接近导线工作时，应使用个人保安线。

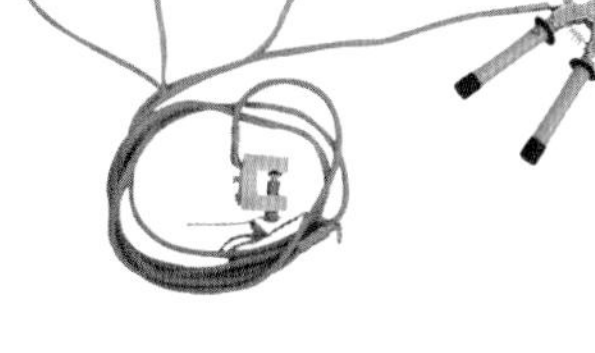

图 1-3-28 个人保安线

（2）使用方法。

1）保安线是个人的安全工具，不得作为他用，不得高空抛落等。使用前应检查完好程度，如损坏可送交厂方修理或报废补缺，使用年限为三年。

2）个人保安线应在停电、验电、接地各项安全措施落实许可工作后进行。个人保安线应在杆塔上作业人员接触或接近导线的作业开始前挂接，作业结束脱离导线后拆除。装设时，应先接接地端，后接导线端，且接触良好，连接可靠。拆卸个人保安线的顺序与此相反。

3）在工作票上应注明当天使用的个人保安线数量及编号。工作结束后，应核实拆除的个人保安线数量及编号，防止漏拆造成带保安线合闸事故。

4）严禁以个人保安线代替接地线。

5. 脚扣

（1）相关知识。脚扣，又叫铁脚，是攀登电杆的工具。它分两种：一种是扣环上制有铁齿，供登木杆使用，如图 1-3-29（a）所示；另一种在扣环上裹有橡胶，供登混凝土杆用，如图 1-3-29（b）所示。脚扣攀登电杆速度较快。

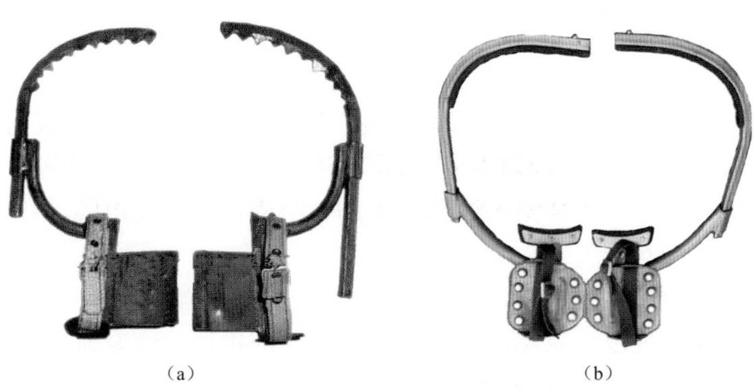

(a) (b)

图 1-3-29 脚扣

(a) 登木杆用脚扣；(b) 登混凝土杆用脚扣

(2) 使用方法。脚扣登杆及下杆步骤如图 1-3-30 和图 1-3-31 所示。

图 1-3-30 运用脚扣登杆 图 1-3-31 运用脚扣下杆

在登杆前必须对所用的脚扣进行仔细检查，脚扣的各部分有无断裂、锈蚀现象，脚扣皮带是否牢固可靠，脚扣皮带若损坏，不得用绳子或电线捆绑代替。在登杆前，应对脚扣进行人体载荷冲击试验。试验时必须单脚进行，当一只脚扣试验完毕后，再试第二只。试验方法简便，登一步电杆，然后使整个人的重力以冲击的速度加在一只脚扣上。在试验后证明两只脚扣都没有问题，才能正式进行登杆。

1）登杆。在地面套好脚扣，根据杆根部的直径调整好适合的脚扣节距，使脚扣能牢靠地扣住电杆，以防止下滑或脱落到杆下。登杆时，两手扶杆，用一只脚扣住电杆，另一只脚准备提升。如左脚向上跨时左手同时向上扶住电杆，接着右脚向上跨扣，踩稳。两脚应交替上升，步子不宜过大，身体向上前倾，臀部后坐。

2）下杆。杆上工作全部结束，经检查无误后下杆。下杆前先解脱安全带，然后将置于电杆上方侧的（或外边的）脚先向下跨扣，同时与向下跨扣之脚的同侧手向下扶住电杆，然后再将另一只脚向下跨扣，同时另一只手也向下扶住电杆，如图 1-3-31 所示。以后步骤重复，只需注意手脚协调配合往下就可，直至着地。

(3) 杆上作业。

1）操作者在电杆左侧工作，此时操作者左脚在下，右脚在上，即身体重心放在左脚，右脚辅助。估测好人体与作业点的距离，找好角度，系牢安全带即可开始作业（必须扎好安全带，并且要把安全带可靠地绑扎在电线杆上，以保证在高空工作时的安全）。

2）操作者在电杆右侧作业，此时操作者右脚在下，左脚在上，即身体重心放在右脚，以左脚辅助。同样也是估测好人体与作业点上下、左右的距离和角度，系牢安全带后即可开始作业。

3）操作者在电杆正面作业，此时操作者可根据自身方便采用上述两种方式的一种方式进行作业，也可以根据负荷轻重，材料大小采取一点定位，即两脚同在一条水平线上，用一只脚扣的扣身压扣在另一只脚的扣身上。这样做是为了保证杆上作业时的人体平稳。脚扣扣稳之后，照样选好距离和角度，系牢安全带后进行作业。

6. 升降板

（1）相关知识。升降板，又称三角板、蹬板和踏板，是电工攀登电杆及杆上作业的一种工具。升降板由铁钩、麻绳、木板组成。木板是采用质地坚韧的木材制成的，麻绳是采用16mm直径的三股白棕绳。绳钩至木板的垂直长度与使用人的高度相适应，一般应保持作业人员手臂长为宜。升降板的木板和白棕绳均应能承受300kg重量，每半年要进行一次载荷试验，在每次升降前应做人员冲击试验。升降板使用方法要掌握得当，否则发生脱钩或下滑，就会造成人身伤亡事故。

（2）使用方法。

1）使用升降板登杆方法和步骤如图1-3-32所示，其步骤如下：

① 左手握住白棕绳上部，绕过电杆，右手握住绕过来的铁钩，钩子开口应向上（开口向下绳子会滑出）；两只手同时用力将白棕绳向上甩（超过作业人员举手高度），左手的白棕绳套在右手的铁钩内，左手拉住白棕绳往下方用力收紧。如图1-3-32（a）所示，把一只升降板勾挂在电杆上，高度恰是操作者能跨上，把另一只升降板背挂在肩上。左手握左面白棕绳与木板相接的地方，将木板沿着电杆横向右前方推出，右脚向右前方跷起，踩在木板上；接着右手握住钩子下边的两根白棕绳，并须使大拇指顶住铁钩用力向下拉紧（拉得越是紧，套在电杆上的白棕绳越不会下滑）；左手将木板往左拉，并用力向下揿，左脚用力向上蹬跳，右脚应在木板上踩稳，人体向上，登上升降板。如图1-3-32（b）所示，操作者两手和两脚同时用力，使人体上升，待人体重心转到右脚，左手即应松去，并趁势立即向上扶住电杆，左脚抵住电杆；如图1-3-32（c）所示，当人体上升到一定高度时，应立即松开右手，并向上扶住电杆，且趁势使人体立直，接着把刚提上的左脚去围绕左边的白棕绳。左脚绕过左面的

（a）

（b）

（c）

（d）

（e）

（f）

图1-3-32 使用升降板登杆方法和步骤

白棕绳，站在升降板上两腿应绷直（这样做使人不容易向后倒，保证人的安全）。

② 取下背在肩上的另一只升降板，按同样方法在电杆上扣牢。如图 1-3-32（d）所示，在左脚绕过左面的白棕绳后踏入三角挡内，待人体站稳后，才可在电杆上一级勾挂另一只升降板，此时人体的平稳是依靠左脚围绕在左面白棕绳来维持。操作者右手握住在电杆上方那只升降板钩子下边的两根白棕绳，稳住身体，左脚原来在下升降板的白棕绳前面，现绕回站在木板上，右脚跷起踏在上面升降板的木板上，左手握住上面一只升降板左面白棕绳和木板相接处用力往上攀登（动作和第一步相同）。如图 1-3-32（e）所示，右手紧握上面一只升降板的两根白棕绳，并使大拇指顶住铁钩，左手握住左边（贴近木板）白棕绳，然后把左脚从白棕绳外退出，改成正踏在三角挡内，接着才可使右脚跨上另一只升降板的木板。此时人体的受力依靠右手紧握住两根白棕绳来获得，人体的平衡依靠左手紧握左面白棕绳来维持。操作者左脚离开下面升降板的过程中，脚应悬在两根白棕绳间和电杆与白棕绳的中间，有用左脚挡住下面那只升降板，使之避免下滑的动作，用左手解脱下面的升降板。如图 1-3-32（f）所示，当人体离开下面一只升降板的木板时，则需把下面一只升降板解下，此时左脚必须抵住电杆，以免人体摇晃不稳。左脚提上仍盘绕在左边白棕绳站在升降板上。重复上述往上挂升降板的动作，一步一步向上攀登。要注意由于越往上电杆越细，升降板放置的档距也应逐渐缩小些。

2）杆上作业时，两只脚内侧夹紧电杆，这样升降板不会左右摆动摇晃。

3）使用升降板下杆的步骤和方法如图 1-3-33 所示。解脱安全带后在升降板上站好，左

（a）　（b）　（c）　（d）　（e）

（f）　（g）　（h）　（i）

图 1-3-33　使用升降板下杆的步骤和方法

手握住另一只升降板的白棕绳，放置在腰部下方，右手接住铁钩绕过电线杆，在人站立着的升降板白棕绳与电杆间隙中间钩住左手的白棕绳（要注意钩子的开口仍要向上），如图 1-3-33（a）所示；左手同时握住白棕绳和铁钩（可使白棕绳不滑出铁钩），并使左手握着的升降板徐徐下滑，如图 1-3-33（b）所示；将左脚放在左手下方，左手左脚同时以最大限度向下滑，然后用左手将白棕绳收紧，用左脚背内侧抵住，如图 1-3-33（c）所示；左手握住上面一只升降板左端线索，同时左脚用力抵住电杆，这样既可防止升降板滑下，又可防止人体摇晃，如图 1-3-33（d）所示；左脚用力支撑住电杆，使人体向后仰开，如图 1-3-33（e）所示；左脚用力抵住电杆，右脚向下移置下面的升降板，此时下面升降板已受力，可防止升降板自由下落，如图 1-3-33（f）所示；抽出左脚，盘住左面的白棕绳在升降板上站好，如图 1-3-33（g）（h）（i）所示；将上面升降板白棕绳向上晃动，使白棕绳与铁钩松动，升降板自然下滑，解下。重复上述步骤，逐级下移到地面。

7. 梯子

（1）相关知识。电工用梯子分为两种：直梯（如图 1-3-34 所示）和人字梯（如图 1-3-35 所示）。直梯用于室外登高作业，人字梯用于室内登高作业。梯子可选择用木材、竹或其他绝缘材料制作，切不可用金属材料制作。梯子应坚固可靠，能承受作业人员身体和携带的工器具的重量。

（2）使用方法。

1）梯子使用前应检查是否有虫蛀及折裂现象。两脚应各绑扎胶皮之类的防滑材料。

2）梯子放置稳固，梯子和地面夹角以 60°左右为宜。不能稳固放置梯子的地方，应有扶持或将梯子下端与固定物体绑牢。直梯不许放在箱子或筒类物体上使用。梯子安放应与带电体保持好安全距离。

3）在梯子上作业，应一脚站在梯面上，另一脚伸过横档再弯回站立，不得站在直梯最高两档工作。作业人员应备有工具袋，上下梯子时工具不得拿在手中，工具和物体不得上下抛递。

4）人字梯放置好后，要检查 4 只脚是否同时着地。作业时不得站在人字梯最上面两档工作，不可采用骑马方式站立。站在人字梯单面工作时，也要将另一只脚伸过横档再弯回站立。

图 1-3-34 直梯

图 1-3-35 人字梯

5）在室内通道上使用人字梯时，地面应有人监护或采取防止门突然打开的措施。

6）在室外高压线下或高压室内搬动梯子时，应放倒后由两人抬运，并与带电体保持足够安全距离。

3.3 专用工器具

农网配电营业工专用工器具可以分为：起重工器具、测量仪表和线路巡视工器具。

3.3.1 起重工器具

1. 麻绳

（1）相关知识。如图 1-3-36 所示，麻绳有手工制造的和机器制造的两种，前者一般用就地生产的麻类制造，规格不严，搓拧较松，不宜在起重作业中使用。机制麻绳质量较好，按使用的原材料不同，分为印尼棕绳、白棕绳、混合棕绳和线麻绳四种。

图 1-3-36　麻绳

1）印尼棕绳。用印度尼西亚生产的西纱尔麻（白棕）为原料，这种纤维的特点是：拉力和扭力强、滤水快、抗海水浸蚀性能强、耐摩擦且富有弹性、受突然增加的拉力时不易折断。适用于水中起重，船用锚缆、拖缆和陆地起重。

2）白棕绳。以龙舌兰麻为原材料，具有西沙尔麻的特点，因为是野生材料，质量略次，用途和印尼棕绳一样。

3）混合棕绳。是用龙兰麻和苎麻各半，再掺入 10%大麻混合捻成。由于生苎麻拉力强，但韧性差，有胶质，遇水易腐，所以混合棕绳的拉力大于白棕绳，但耐腐蚀性低，特别在水中使用，遇天热水暖更为显著，使用时应加注意。

4）线麻绳。用大麻纤维为原料，其特点为柔韧、弹性大、拉力强。用途与混合棕绳基本相同。

（2）使用方法。

1）麻绳在使用前的检查和处理方法。麻绳若保管不善或使用不当，容易造成局部损伤、机械磨损、受潮及化学介质的浸蚀。为了削除隐患，保证起重作业的安全可靠性，必须在每次使用前进行检查，对存在的问题，予以妥善处理。当麻绳表面均匀磨损不超过直径的 30%，局部损伤不超过同截面直径的 10%，可按直径折减降低级别使用。断股的麻绳禁止使用。

2）麻绳应该用特制的油涂抹保护，油各项成分质量比为：工业凡士林 83%、松香 10%、石蜡 4%、石墨 3%。

3）绕麻绳的卷筒、滑轮的直径应大于麻绳直径的 7 倍。由于麻绳易于磨损和断裂，最好选用木制滑轮。

4）作业中的麻绳，应注意避免受潮、淋雨、纤维中夹杂泥沙和受油污等化学介质浸蚀。麻绳用完后，应立即收回晾干，清除表面泥污，卷成圆盘，平放在干燥的库房内。

5）麻绳打结后强度降低 50%以上，使用时应尽量避免打结。

2. 滑轮

滑轮又称为滑车，可以单独或组合（滑车组）使用，是农网配电工作中一种重要的起重工具。如图 1-3-37 所示。

图 1-3-37　滑轮

滑轮尺寸表示方法主要是以绳槽尺寸和滑轮直径大小来标志，其中绳槽尺寸见表 1-3-3。

表 1-3-3 滑轮绳槽尺寸

图例	钢丝绳的直径（mm）	a	b	c	d	e
	7.7～9.0	25	17	11	5	8
	11.0～14.0	40	28	25	8	10
	15.0～18.0	50	35	32.5	10	12
	18.5～23.5	65	45	40	13	16
	25.0～28.5	80	55	50	16	18
	31.0～34.5	95	65	60	19	20
	36.5～39.5	110	78	70	22	22
	43.0～47.5	130	95	85	26	24

上表所列滑轮绳槽尺寸配合相应的钢丝绳直径，可以保证钢丝绳顺利滑过，并能使其接触面积尽可能为最大。

钢丝绳绕过滑轮时要产生变形，故滑轮绳槽底部的圆半径应稍大于钢丝绳的半径，一般取 $R\approx(0.53\sim0.6)d$。绳槽两侧面夹角 $2\beta=35°\sim45°$。

滑轮的直径（指槽底的直径）$D>ed$，e 值取 16～20，一般的安装工地 e 值取 16，平衡滑轮 $D_p\approx0.6D$。

3. 钢丝绳

钢丝绳及绳套广泛应用于配电线路检修各种起重场合，是农网配电施工一种比较重要的工器具。钢丝绳及绳套如图 1-3-38 和图 1-3-39 所示。

钢丝绳的使用方法：

（1）使用钢丝绳时，不能使钢丝绳发生锐角曲折、散股或由于被夹、被砸而成扁平状。

（2）为防止钢丝绳生锈，应经常保持清洁，并定期地涂抹钢丝绳脂或特制无水分的防锈油，其成分的质量比为：煤焦油 68%、三号沥青 10%、松香 10%、工业凡士林 7%、石墨 3%、石蜡 2%。也可以使用其他的浓矿物油（如汽缸油等）。钢丝绳在使用时，每隔一定时期涂一次油，在保存时最少每六个月涂一次。

图 1-3-38 钢丝绳　　图 1-3-39 钢丝绳套

（3）穿钢丝绳的滑轮边缘不许有破裂现象，以避免损坏钢丝绳。

（4）钢丝绳与设备构件及建筑物的尖角如果直接接触，应垫木块或麻带。

（5）在起重作业中，应防止钢丝绳与电焊线或其他电线接触，以免触电及电弧损坏钢丝绳。

（6）钢丝绳应成卷平放在干燥库房内的木板上，存放前要涂满防锈油。

（7）当钢丝绳有腐蚀、断股、乱股以及严重扭结时，应停止使用。

（8）钢丝绳直径磨损不超过30%，允许降低拉力继续使用；若超过30%，按报废处理。

（9）钢丝绳经长期使用后，受自然和化学腐蚀是不可避免的。当整根钢丝绳外表面受腐蚀凭肉眼观察显而易见时，应停止使用。

（10）超载使用过的钢丝绳不得再用。如需使用，通过破断拉力试验鉴定后可降级使用。若未知是否超载，一般可通过观察外观有无严重变形、结构破坏、纤维芯挤出和有无明显的卷缩、聚堆等现象来判断。

4. 夹线工具

导地线及钢丝绳的夹线工具分为导线卡线器、地线卡线器和钢丝绳卡线器三种，如图1-3-40所示。

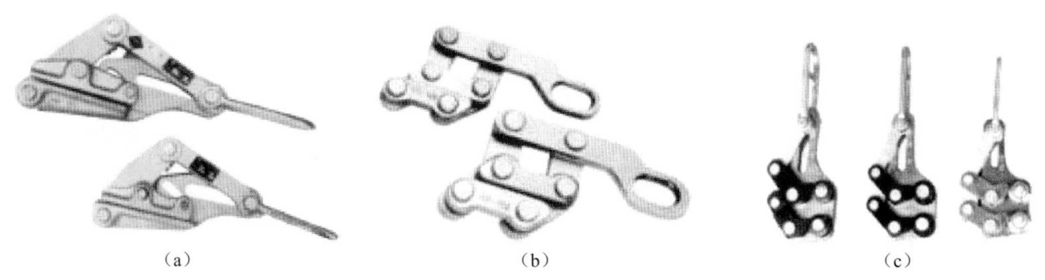

（a） （b） （c）

图1-3-40 卡线器

（a）导线卡线器；（b）地线卡线器；（c）钢丝绳卡线器

夹线工具的使用方法：

（1）必须根据导地线或钢丝绳的型号外径选择与之相匹配的卡线器型号，严禁以大代小或者以小代大。

（2）使用前，必须做卡线器握力试验，确保符合导地线牵拉张力时方准使用。

（3）安装卡线器时，导地线必须进入槽内，且将卡线器收紧。

（4）卡线器严禁超载使用，以防打滑。

（5）随着导地线的牵拉，卡线器尾部的导地线应理顺且收紧，防止导地线卡阻卡线器。

（6）卡线器滑脱易引发伤人事故，故卡线器在牵拉过程中的收线范围内禁止站人。

（7）导地线卡线器宜加备用保护钢绳套，防止滑脱。

（8）卡线器应有出厂合格证及产品说明书。发现有裂纹、弯曲、转轴不灵或钳口斜纹磨平等缺陷时严禁使用。

5. 绞磨

绞磨是配电线路施工和检修重要的起重工器具，按起重方式可以分为机动绞磨和人工绞磨两大类。农网配电使用较多的是人工绞磨。

（1）人工绞磨的基本特点。

1）人工绞磨重量轻，具有移动性强、安装使用方便等特点。

2）人工绞磨载荷轻，受力控制难，需要操作人员较多。

（2）人工绞磨的结构特点。适用于输配电线路环境异常恶劣，如山顶、湖心等机动绞磨不能到达的环境施工中的牵引、立杆、放线、吊装等作业。机体采用优质无缝钢管经切断、冲孔、焊接而成。磨轮采用优质钢材加工而成，耐磨强度高。连接部分均采用密封轴承设计，有效减少灰尘杂物的进入，从而减小操作力量。机体还留有 4 个固定孔用于固定在地面上方便人工推动磨杠，如图 1-3-41 所示。

（3）使用注意事项。

1）人工绞磨应摆放在平整地面上，通过钢丝绳套同绞磨地锚连接。

2）使用前应仔细检查绞磨制动装置是否可靠。

3）牵引绞磨绳应从卷筒下方引出，缠绕不得少于 5 圈，且应排列整齐，严禁相互叠压，牵引绳尾要由专人控制。

4）绞磨启动时，不宜推动过快，缓慢确定，在推动过程要听从现场指挥。

6. 抱杆

（1）抱杆的种类。

1）按材料分为木抱杆、钢抱杆、铝合金抱杆三种。

2）按断面形状分为圆环形、四方形及三角形三种。每种断面的抱杆又分为变截面和等截面两种。

3）按组合形式分为单抱杆、人字抱杆及带摇臂的独抱杆及其他形式。

图 1-3-41　人工绞磨

典型的铝合金人字抱杆如图 1-3-42 所示。

（2）使用抱杆注意事项。

1）抱杆使用前，必须检查确认抱杆外观良好，严禁使用缺少部件（含铆钉等）及主、斜材严重锈蚀的抱杆。

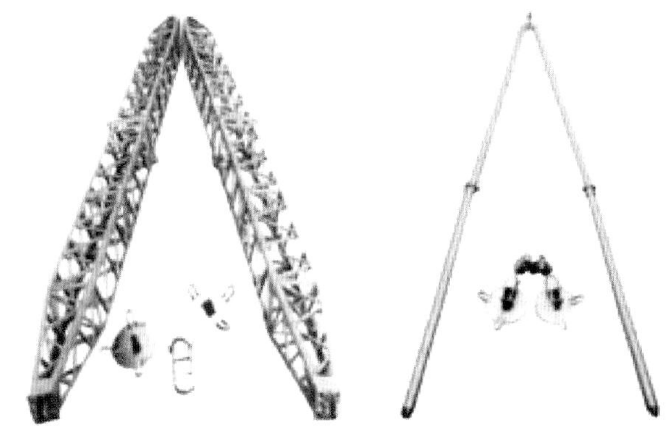

图 1-3-42　人字抱杆

2）抱杆的吊重应控制在施工工艺设计的容许荷载以内。抱杆的容许轴压力与抱杆的吊重是不一样的，使用时务必分清。

3）抱杆的接头螺栓必须按规定安装齐全，且应拧紧，组装后的整体弯曲度不应超过 1‰，最大有载起吊时弯曲度不应超过 2‰。

4）抱杆的受力状态以轴向中心施压最佳，偏心受压会使抱杆容许承压力降低。严重偏心受压时应验算抱杆的承压力。

5）铝合金抱杆应特别注意保护，使用中避免钢丝绳摩擦。严禁用铝抱杆代替基础混凝土浇制的抬架。

7. 桩锚和地锚

（1）相关知识。在农网配电线路施工中，为了固定绞磨、牵张机械、起重滑车组、转向滑车及各种临时拉线等，都需要使用临时地锚或临时桩锚。地锚的锚体埋入地面以下一定深度的土层中而承受上拔力；桩锚的锚体一部分经锤击深入土层，一部分外露而承受拉力。有的文献把两者都称为地锚，实际上，它们是有差别的。根据多年施工经验，当承受的拉力小于20kN且地表土较坚硬时，一般使用桩锚；当承受的拉力大于20kN且地表土较软弱时，一般使用地锚。地锚承受的拉力较大但需要挖坑，桩锚承受的拉力较小，但不需要挖坑，随用随固定，拆除快捷，由于桩锚省力省时，使用越来越广。

（2）分类。

1）地锚按锚体材料及制作方式分为以下三种：

① 圆木地锚。一般采用ϕ180～240mm，长度小于2m的圆木而形成地锚。锚体由于圆木选材困难，易腐烂，使用越来越少。

② 钢板地锚。采用3～5mm的薄板，在中部焊筋后封闭而制成钢板地锚。

③ 钢管地锚。采用4mm薄板卷制焊接而成外径为230mm，长度为1600mm的圆柱体，内壁中部用6～8mm钢板焊接加固，两端封口，以形成地锚锚体。

2）临时桩锚分为以下三种：

① 圆木桩锚。包括加挡板和不加挡板。

② 圆钢管桩锚。

③ 角（实际是角钢，习惯称角铁）桩锚。

3）按受力性能分为：水平受力锚、上拔受力锚、斜向受力锚。

各种地锚和桩锚以承受水平力最为有利，而承受上拔力均较小，因此使用地锚和桩锚，尽可能使其承受水平力。由于地锚和桩锚都是利用天然土壤的物理特性而承受上拔力和抗压力的，因此如何对土壤进行分类和判定是确定使用地锚和桩锚的先决条件。

（3）地锚的埋设要求。

1）地锚坑的位置应避开不良地理条件，例如低洼易积水、受力侧前方有陡坎及新填土的地方。

2）地锚坑应开挖马道，但马道宽度应以能旋转钢丝绳为宜，不应太宽。马道坡度应与腕力绳方向一致，马道与地面的夹角不应大于45°。

3）地锚坑的受力侧应掏挖小槽。小槽的深度宜为：全埋土地锚不小于地锚直径的1/2，不埋土或半埋土地锚不小于地锚直径的2/3。

4）地锚安置坑内后应进行回填土，要求是：

① 对于坚土地质允许使用不埋土地锚，但坑深应按计算值增加0.2m。

② 对于次坚土和普通土应回填土，且应夯实。

③ 对于软土及水坑，应先将水排除后再回填土夯实。

5）当地锚受力不满足安全要求时，可以增加地锚坑的深度或用双根钢管合并使用或在锚体受力侧增高角铁桩及挡板等，对地锚实施加固。

6）如遇岩石地带需要设置地锚时，应提前开挖地锚坑或者采用岩石锚盘基础，锚筋的规格视受力大小选择。

7）地锚的钢丝绳套应安置在锚体的中间位置，如果偏心会降低地锚的搞拔力。如图1-3-43所示。

图1-3-43　地锚

(4) 角钢桩设置的要求。

1) 角钢桩的规格不宜小于∠75×8，长度不得小于1.5m，严重弯曲的不得使用。

2) 角钢桩的轴线与地面的夹角（后侧）以60°～70°为宜，不应垂直地面，打入深度不应小于1.0m。

3) 角钢桩的位置应避开积水地带及其他不良地质条件。

4) 角钢桩的凹口应朝受力侧，钢丝绳在桩上的着力点应紧贴地面。

5) 当使用双桩或三联桩时，前后相邻的两桩间应用8号铁线（3～4圈）并通过花兰螺栓连接。使用前，花兰螺栓应收紧，以保持双桩或三桩同时受力。

6) 角钢桩应当天打入地下，当天使用。隔天使用时，使用前应检查有无雨水浸入，必要时应拔出重打。

3.3.2 测量仪表

1. 接地电阻测试仪

(1) 相关知识。接地电阻测试仪是用于测量接地装置接地电阻的专用仪表。一般用于电气设备及电力线路的接地电阻测试仪主要包括普通指针式接地电阻测试仪（也称为摇表）和数字式接地电阻测试仪。

ZC29B-2型接地电阻测试仪适用于测量各种电力系统、电气设备、避雷针等接地装置的接地电阻值，以欧姆（Ω）为单位。四端钮（0～1～10～100Ω规格）也可测量低电阻导体的电阻值和土壤电阻率。

常用的ZC29B-2型接地电阻测试仪由手摇发电机、电流互感器、滑线电阻及检流计等组成，全部机构装在塑料壳内。如图1-3-44所示。

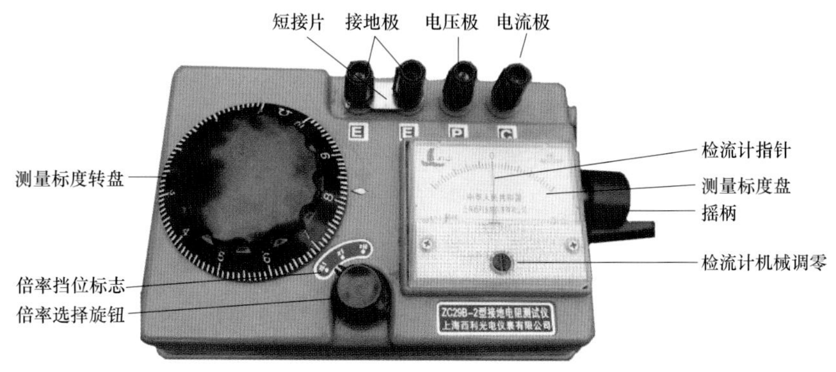

图1-3-44　ZC29B-2型接地电阻测试仪

1) 接线端钮：电压极（P）、电流极（C）、接地极（E、E）用于连接相应的探测针。

2) 调整旋钮：用于检流计指针调零。

3) 倍率盘：显示测试倍率（×0.1、×1、×10）。

4) 测量标度盘：测试标度所测接地电阻阻值。

5) 测量盘旋钮：用于测试中调节旋钮，使检流计指针指于中心线。

6) 倍率盘旋钮：调节测试倍率。

7) 发电机摇柄：手摇发电，为接地电阻测试仪提供测试电源。

（2）使用注意事项。

1）禁止在有雷电的天气或被测物带电时进行测量。测量前，应断开与被测设备的所有连接线。

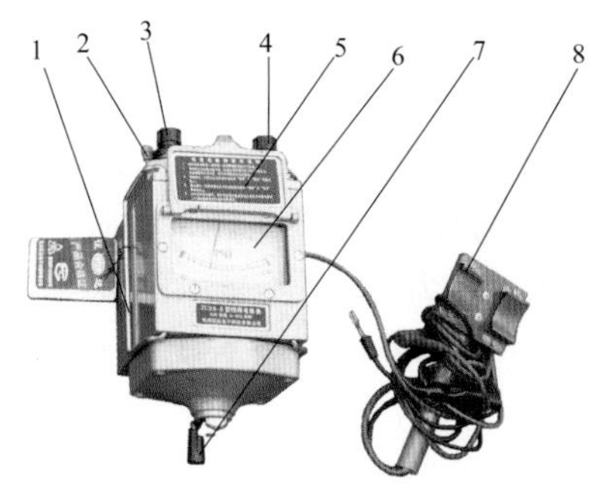

图 1-3-45　绝缘电阻表（兆欧表）

1—提手；2—屏蔽端钮；3—线路接线柱；4—接地接线柱；5—表盖；6—刻度盘；7—发电机摇柄；8—测试电极

2）严禁在检流计指针仍有较大偏转时加快手柄的摇转程度。

3）摇柄携带、使用时必须轻放，避免剧烈振动。

2. 绝缘电阻表

绝缘电阻表，即常用的兆欧表，又称摇表、梅格表。是用来检测电气设备的绝缘电阻的一种便携式仪表。它的计量单位是兆欧（MΩ）。

（1）相关知识。

1）如图 1-3-45 所示，一般的绝缘电阻表（兆欧表）主要是由手摇发电机、比率型磁电系测量机构以及测量电路等组成的。

2）绝缘电阻表（兆欧表）有三个接线柱，上端两个较大的接线柱上分别标有“接地”（E）和“线路”（L），在下方较小的一个接线柱上标有“保护环”（或“屏蔽”）（G）。

（2）使用方法。

1）测量额定电压在 500V 以下的设备或线路的绝缘电阻时，可选用 500V 或 1000V 绝缘电阻表（兆欧表）。

2）测量额定电压在 500V 以上的设备或线路的绝缘电阻时，应选用 1000～2500V 绝缘电阻表（兆欧表）。

3）测量绝缘子时，应选用 2500～5000V 绝缘电阻表（兆欧表）。一般情况下，测量低压电气设备绝缘电阻时可选用 0～200MΩ 量程的绝缘电阻表（兆欧表）。

4）使用前，应对绝缘电阻表（兆欧表）进行下列检查：

① 检查绝缘电阻表（兆欧表）的外观是否良好，表面是否脏污。

② 检查绝缘电阻表（兆欧表）连接线是否完好，连接是否牢固可靠。

③ 检查绝缘电阻表（兆欧表）的出厂合格证和校验合格证，检查确认绝缘电阻测试仪在检验合格周期内。

④ 对绝缘电阻表（兆欧表）进行开路实验。如图 1-3-46 所示，将两连接线开路，摇动手柄指针应指在无穷大处。

⑤ 对绝缘电阻表（兆欧表）进行短路试验。慢摇绝缘电阻表（兆欧表）摇柄，把两连接线短接一下，指针应指在零处。要注意，将两连接线断开后，方可停止摇动绝缘电阻表（兆欧表）摇柄。

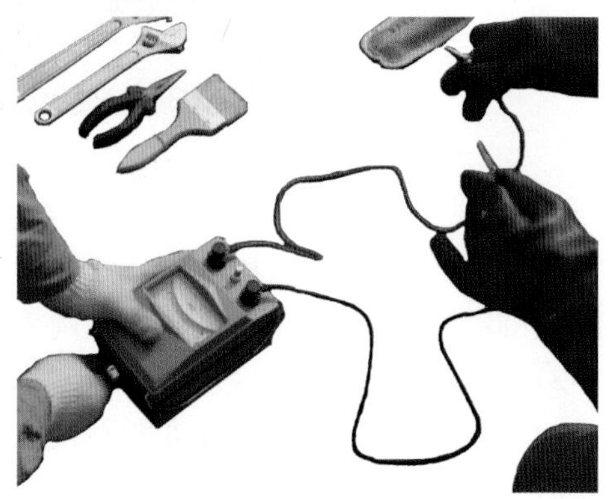

图 1-3-46　对绝缘电阻表做开路实验

5）将绝缘电阻表（兆欧表）的“接地”接线柱（即 E 接线柱）通过测试线可靠地接

地（一般接到某一接地体上），将“线路”接线柱（即 L 接线柱）通过测试线接到被测物上。

6）连接好后，顺时针摇动绝缘电阻表（兆欧表）的摇柄，转速逐渐加快，保持在约120r/min 后匀速摇动，当转速稳定，表的指针也稳定后，指针所指示的数值即为被测物的绝缘电阻值。

7）实际使用中，E、L 两个接线柱也可以任意连接，即 E 可以与接被测物相连接，L 接线柱可以与接地体连接（即接地），但 G 接线柱决不能接错。

8）测试线应采用多股软线，且要有良好的绝缘性能，两根测试线切忌绞在一起，以免造成测量数据的不准确。

9）测量完后应立即对被测物放电，在绝缘电阻表（兆欧表）的摇柄未停止转动和被测物未放电前，不可用手去触及被测物的测量部分或拆除导线，以防触电。

3. 钳形电流表

（1）相关知识。钳形电流表，简称钳形表，它是一种不需断开电路就可直接测量电路交流电流的便携式仪表，在电气检修中使用非常方便。

如图 1-3-47 所示，钳形电流表的工作部分主要是由一只电磁式电流表和穿心式电流互感器组成。穿心式电流互感器铁芯制成活动开口，且成钳形，故名钳形电流表。

（2）使用方法。

1）钳形电流表在使用前必须进行检查，内容如下：

① 检查钳形电流表是否有出厂合格证和校验合格证，是否在试验合格有效期内。

② 使用前，检查钳形电流表有无损坏，指针是否指向零位。如发现没有指向零位，可用小螺丝刀轻轻旋动机械调零旋钮，使指针回到零位上。

③ 检查钳口上的绝缘材料有无脱落、破裂等损伤现象，闭合后无明显的缝隙，若有则必须待修复之后方可使用。

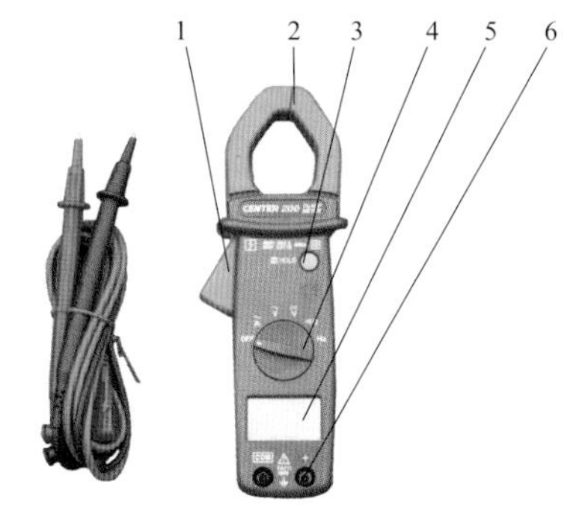

图 1-3-47 钳形电流表

1—扳手；2—卡口；3—锁住按钮；4—挡位选择；5—数字显示屏；6—接线端子

④ 检查钳形电流表包括表头玻璃在内的整个外壳，不得有开裂和破损现象，因为钳口绝缘和仪表外壳的完好与否，直接关系着测量安全问题，还涉及仪表的性能问题。

⑤ 还要检查零点是否正确，若表针不在零点时可通过调节机构调准。

⑥ 对于多用型钳形电流表，还应检查测试线和表棒有无损坏，要求导电性能良好、绝缘完好无损。

⑦ 对于数字式钳形电流表，还需检查表内电池的电量是否充足，不足时必须更新。

2）测量时，应先估计被测导线的电流大小，选择适当量程。若无法估计，可先选较大量程，然后逐挡减少，转换到合适的挡位。转换量程挡位时，必须在不带电情况下或者在钳口张开情况下进行，以免损坏仪表。

3）测量时，被测导线应尽量放在钳口中部，如图 1-3-48 所示。钳口的结合面如有杂声，应重新开合一次，仍有杂声，应处理结合面，以使读数准确。另外，不可同时钳住两根导线。

图 1-3-48　钳形电流表的使用

4）用高压钳形电流表测量时，应由两人操作，测量时应戴绝缘手套，站在绝缘垫上，不得触及其他设备，以防止短路或接地。

5）测量 5A 以下电流时，为得到较为准确的读数，在条件许可时，可将导线多绕几圈，放进钳口测量，其实际电流值应为仪表读数除以放进钳口内的导线根数。

6）测量时应注意身体各部分与带电体保持安全距离，低压系统安全距离为 0.1～0.3m。测量高压电缆各相电流时，电缆头线间距离应在 300mm 以上，且绝缘良好，具备测量操作条件。观测表计时，要特别注意保持头部与带电部分的安全距离，人体任何部位与带电体的距离不得小于钳形电流表的整个长度。

7）测量低压可熔保险或水平排列低压母线电流时，应在测量前将各相可熔保险或母线用绝缘材料加以保护隔离，以免引起相间短路。当电缆有一相接地时，严禁测量，防止出现因电缆头的绝缘水平低发生对地击穿爆炸而危及人身安全。

8）每次测量前后，要把调节电流量程的切换开关放在最高挡位，以免使用时，因未经选择量程就进行测量而损坏仪表。

9）严禁用钳形电流表测量裸导线。

4. *万用表*

万用表是一种可以测量多种电量、电参数的复用表，其突出特点是用途广泛、量限范围宽，使用和携带方便。万用表分为模拟指针式和数字显示两类，它们均可用于测量直流电压、直流电流、交流电压、交流电流、电阻、电容和电感等。

（1）模拟指针式万用表。

1）相关知识。模拟指针式万用表使用十分方便，在不需要进行精确测量的前提下，以指针的偏转来表示量值的大小，有时更为直观。例如在测量判别电容器时，指针的运动过程可形象地模拟出充放电电流由小到大、由大到小的过程，也很容易筛选出其中的不合格品。模拟指针式万用表的缺点是准确度不高。

模拟指针式万用表由表头、测量线路、转换开关以及外壳等组成，如图 1-3-49 所示。表头用来指示被测量的数值；测量线路用来把各种被测量转换为适合表头测量的直流微小电流；转换开关用来实现对不同测量线路的选择，以适合各种被测量的要求。

图 1-3-49　模拟指针式万用表

2）使用方法。模拟指针式万用表的结构型式多，可测的电量及电参数多，规格、量限多。因此使用前应仔细阅读使用说明书，了解万用表的主要功能、技术指标及量限的设置等。使用时应注意：

① 测量前要检查表笔所接的位置是否正确，然后根据待测对象将转换开关置于相应的

位置。当被测量的量值范围不详时，应先用表中的高量限进行测试，初测后再切换至适当的量限进行复测，以防止表头可动部分受到过负载冲击或烧毁电阻。

② 测量直流时要注意正负极性。当待测对象极性不明时，也应先将万用表置于高量限上，先确认极性，再进行测量。

③ 当测电流时，应将表笔与电路串联；测电压时，表笔与电路并联。

④ 读数要正确。万用表中有多条标度尺，使用时必须从与所测电量开关挡位相对应的标度尺上读取示数，万用表的型号不同，标度尺的设置和使用情况也不同，因此必须在使用前将标度尺“阅读”一遍，应弄清楚在哪一条标度尺上读数、这条标尺是如何分度的、每一个小分度代表的量值是多少等。

（2）数字万用表。

1）相关知识。数字万用表是在直流数字电压表的基础上，配以各种功能转换电路组成的多功能测量仪表。数字万用表与模拟指针式万用表比较具有测量范围更宽、准确度较高和分辨力强等诸多优势。

如图 1-3-50 所示，常见的功能转换电路还有把二极管正向压降转换为直流电压的变换器，把电容量转换为直流电压的变换器，把晶体管电流放大倍数转换为直流电压的变换器，把频率转换为直流电压的变换器，把温度转换为直流电压的变换器等。除此之外。数字万用表还常附加有自动关机电路、报警电路、蜂鸣器电路、保护电路、量程自动切换电路等。

图 1-3-50 数字万用表

2）使用方法。

① 直流电压的测量。如要测 150V 直流电压，操作过程为：将红表笔插入“VΩ”插孔，黑表笔插入“COM”插孔，量程选择为“V⎓”200V 挡位，打开电源开关，两表笔并联在被测电路两端，从显示屏上读取示数。

② 交流 600V 电压的测量。表笔接法同上；量程选择开关置于“V～”750V 挡位，其余过程同直流电压的测量。

③ 直流 15mA 的测量。操作过程为：将红表笔插入“mA”插孔，黑表笔插入“COM”插孔，量程选择开关置于“A⎓”20mA 挡位，其余过程同直流电压的测量。

④ 电阻的测量。量程选择开关置于“Ω”200 挡位，其余过程同直流电压的测量。

⑤ 二极管的测量。操作过程为：表笔位置为“VΩ”（红）接二极管正极，“COM”（黑）接二极管负极，量程选择开关置于“V⎓”2V 挡位，此时显示的是二极管的正向电压，锗管应为 0.150～0.300V，硅管应为 0.550～0.700V。如显示为 000 表示二极管已击穿，显示 1 表示二极管内部开路。

3）注意事项。

① 应根据工艺文件的规定选用数字万用表。数字万用表种类繁多，其主要技术指标、显示位数、功能和测量范围各不相同。

② 使用前应仔细阅读使用说明书，熟悉其面板结构、插孔、开关的作用，防止误操作。

③ 当使用电阻挡测量晶体管，电解电容器时，应注意红表笔为正极，黑表笔带负电，

这与模拟指针式万用表正好相反。

④ 一般数字万用表的频率特性较差，通常只能测量 45～500Hz 频率内的正弦量有效值。如需测量较高频率的正弦量或非正弦量、峰值、有效值等时，可选用具有相应功能的仪表。

⑤ 严禁在被测电路带电的情况下测量电阻。

⑥ 严禁在测量高电压或较大电流的过程中旋动量程选择开关，以防止产生电弧，烧坏开关触点。

⑦ 当显示屏上提示电池电压过低或打开开关屏幕无显示时应更换电池。每次使用完毕应将仪表上的电源开关关断，仪表长期不用时应将电池取出。

第4章 农网配电电气图

4.1 电气图的基本知识

电气工程图是用图的形式来表示信息的一种技术文件，主要用图形符号、简化外形的电气设备、线框等表示系统中有关组成部分的关系，简称电气图。

4.1.1 电气图的结构与特点

1. 电气图的定义

电气图是一种以电气图形符号、带注释的图框或简化外形等规定的图形并附以相应的工作参数的表格、文字等内容反映电气系统、电气设备、设备中各组成部分的相互关系或连接关系，如图 1-4-1 所示。

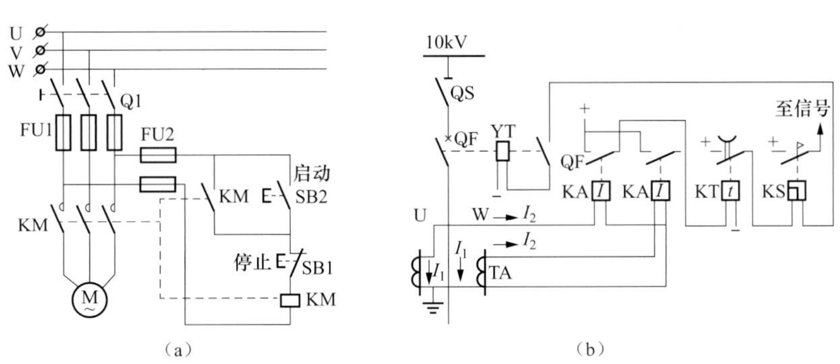

图 1-4-1 以图形符号表示的电气图
(a) 电动机启动控制原理图；(b) 10kV 线路的过电流部分原理接线图

电气图是一种简图，不需要严格按几何尺寸或绝对位置进行测绘。电气图的主要描述对象是电气元件的工作原理、电气产品构成结构、电气设备的安装几何尺寸和基本功能，为使用或维护者提供设备或元件的安装、检测及使用、维护信息。

2. 电气图的特点

电气图具有以下特点：

（1）简洁。简洁是电气图的主要表现特点。电气图中没有必要画出电气元器件的外形结构，采用标准的图形符号和带注释的框，或者简化外形表示系统或设备各组中各组成部分相互关系。不同于侧重表达电气工程信息会用不同形式的简图，电气工程中绝大部分采用简图形式。

（2）组成结构多样化。元件和连接线是电气图的主要组成。电气设备主要由电气元件和连接线组成，因此无论是电路图、系统图，还是接线图和平面图都是以电气元件和连接线作为描述的主要内容。电气元件和连接线有多种不同的描述方式，从而构成了电气图的多样性。

（3）独特要素丰富。一个电气系统或装置通常由许多部件、组件构成，这些部件、组件或者功能模块称为项目。项目一般由简单图形符号表示。每个图形符号都有对应的文字符号。设备符号和文字符号一起构成了项目代号，设备编号是为了区别相同的设备表示方式。

（4）布局严密。电气图的布局方法一般有功能布局法和位置布局法。

1）功能布局法。图中元件的位置只考虑元件之间的功能关系，而不考虑元件的实际位置的一种布局方法，比如电力系统图、电气设备控制图等。

2）位置布局法。元件的位置对应于文件实际位置的一种布局方法，比如配电线路横担安装图、配电线路路径图等。

（5）种类多样化。可用不同的描述方法，如能量流、逻辑流、信息流、功能流等，形成不同的电气图。

4.1.2 农网配电电气图的基本类型

根据农网配电线路和设备的组成结构来分类，农网配电电气图一般有高（低）压配电站系统图、低压电气装置控制原理图和接线图、照明施工图、配电线路工程图（含线路路径图和线路安装图）等。

1. 高（低）压配电站系统图

高（低）压配电站系统图指装设一台配电站系统图、装设两台主变压器的配电站主接线，工厂、企业、车间、城镇、乡村配电站主接线系统图。其供电系统大多采用 6～10kV/0.4kV 的配电形式。图 1-4-2 所示为 6～10kV/0.4kV 配电站系统图。

2. 低压电气装置控制原理图和接线图

农网配电中的低压电气装置控制原理图和接线图种类繁多，包括各种低压开关设备、电动机、低压照明配电系统、接地和剩余电流保护装置、低压配电屏原理和接线图。图 1-4-3 所示为开关柜的屏面布置图。

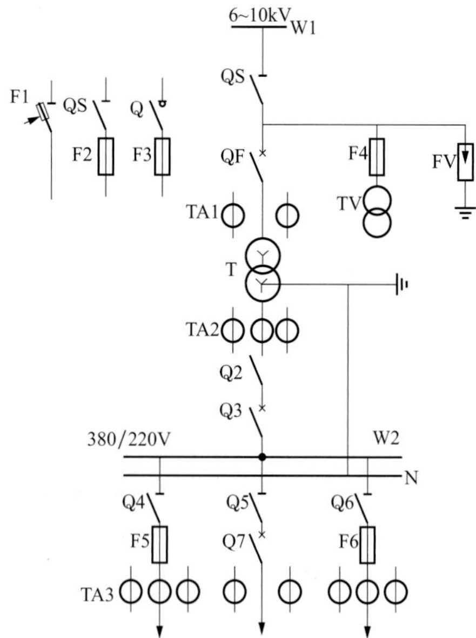

图 1-4-2 6～10kV/0.4kV 配电站系统图

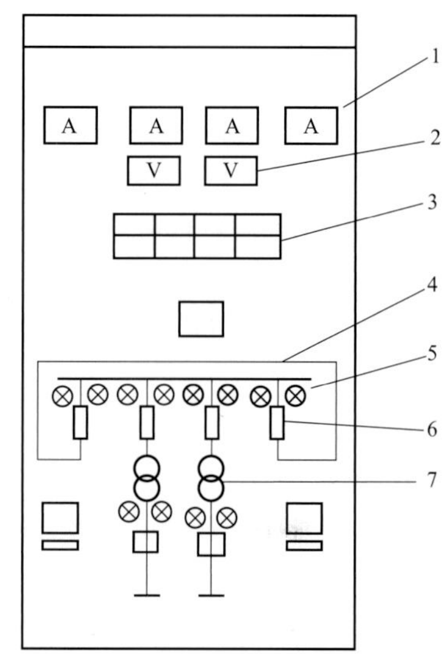

图 1-4-3 开关柜的屏面布置图

1—电流表；2—电压表；3—光字牌；4—次母线；5—指示灯；6—熔断器；7—变压器

3. 电气照明施工图

电气照明施工图是土建施工图的一部分，它集中体现了电气照明设计的意图，是电气设备安装的主要依据。图 1-4-4 所示为某车间电气照明平面图。

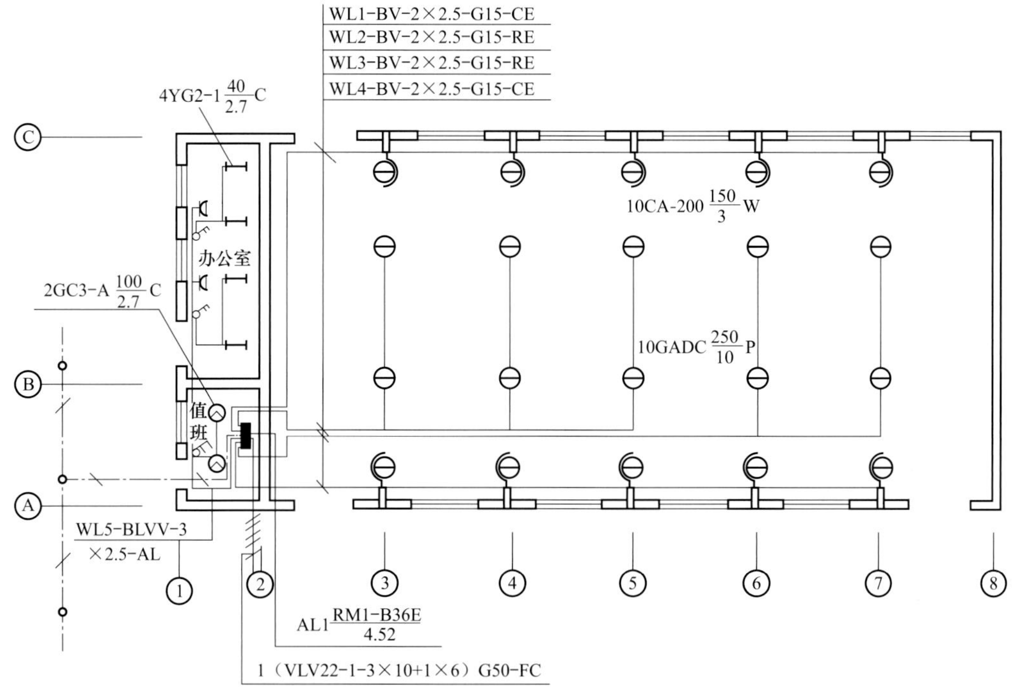

图 1-4-4　某车间电气照明平面图

4. 农网配电线路施工图

农网配电线路施工图包括配电线路路径图和配电线路安装图。

（1）配电线路路径图。架空电力线路工程路径图的表示方法通常有两种：①用平、断面图的形式来表示；②直接用地形图的形式来表达。

1）架空电力线路平、断面图。平面图的表达是以线路中心线为基准，将线路所经地域线路通道两侧 50m 以内的平面地物按一定的方式进行测定绘制在平面图上；断面图是对沿线地形的起伏变化的表达，同样是以线路中心线为基准，将线路所经地形地段的高程变化按一定的方式进行测定绘制在断面图上；对线路杆塔位置、规格及线路的档距、里程，除采用规定图形符号在平、断面上进行标识外，还在图形的下部以文字进行标注。某架空电力线路平、断面图如图 1-4-5所示。

2）配电线路路径图。配电线路路径图是表示线路走向及途径地形、地物、地貌和线路跨越等基本特征的图形，路径图通常以平面形式的地形图进行表示。图 1-4-6 所示为某发电站到变电站的路径图。

（2）配电线路安装图。配电线路安装图主要是指配电线路金具安装图，它包括了横担、金具、绝缘子和拉线安装图。安装图一般包含了正视图和俯视图，此外在安装图要标注准确的安装尺寸，每份安装图还应配上详细安装部件表。图 1-4-7 所示为某直线杆横担安装图。

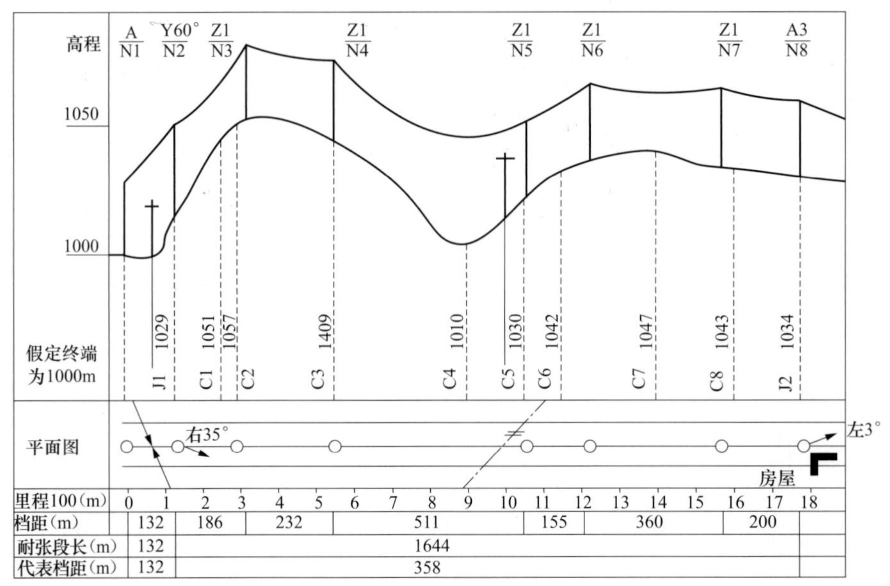

图 1-4-5　某架空电力线路平、断面图

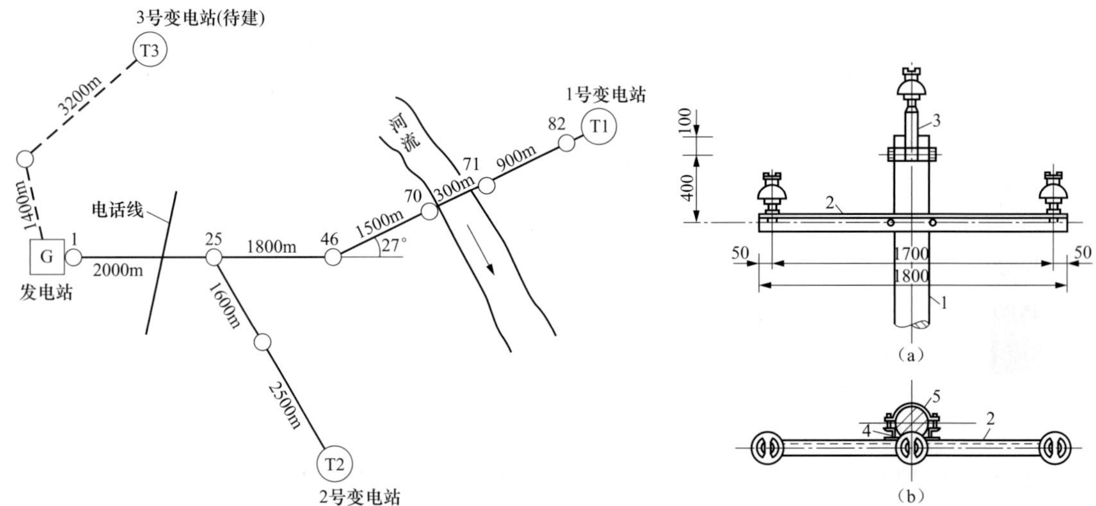

图 1-4-6　某发电站到变电站路径图

图 1-4-7　某直线杆横担安装图

（a）正视图；（b）俯视图

1—混凝土杆；2—角铁横担；3—头部铁；4—抱箍螺栓；5—抱箍

4.2　电气图的识读

4.2.1　常用电气及配电线路工程图的符号

图形符号是通过书写、绘制、印刷或其他方法产生的可视图形，以简明易懂的方式来传递实物或概念，提供有关的条件及动作信息的工业语言。常用电气及配电线路工程图的符号分为文字符号和电气图形符号两种。

1. 文字符号

（1）文字符号的组成。常用电气设备的文字符号由基本文字符号和辅助文字符号两部分构成，基本文字符号分单字母符号和双字母符号。

1）单字母符号。用拉丁字母将各种电气设备、装置和元器件划分为23大类，每大类用一个专用单字母符号表示。如R为电阻器，Q为电力电路的开关器件类等。

2）双字母符号。表示种类的单字母与另一字母组成，双字母符号中的另一个字母通常选用该类设备、装置和元器件的英文名词的首位字母或常用缩略语或约定俗成的习惯用字母。

3）辅助文字符号。辅助文字符号表示电气设备、装置和元器件以及线路的功能、状态和性质，它一般放在基本文字符号后边，构成组合文字符号。同一电气单元、同一电气回路中的同一种设备的编序用阿拉伯数字表示，标注在设备文字符号的后面；不同的电气单元、不同的电气回路中的同一种设备的编序用阿拉伯数字表示，标注在设备文字符号的前面。

（2）特定导线标记。电气图形中的三相交流电源，分别用U、V、W或A、B、C表示；也可用L1、L2、13表示，几种表示均可使用，但在一本书中要求全书统一。中性线，用N表示；保护接地线，用PE表示；不接地的保护导线，用PU表示；保护接地线和中性线共用一线，用PEN表示；接地线，用E表示；直流系统电源的正极、负极、中间线，分别用＋、－、M或L_+、L_-、M表示。

（3）电器端子标记。交流系统电源的三相导线，采用A、B、C表示时，端子相应用A、B、C表示；采用L1、L2、L3表示时，端子相应用U、V、W表示。中性线，用N表示；保护接地，用PE表示；接地，用E表示。

2. 电气图形符号

图形符号是表示设备和概念的图形、标记或字符等的总称。常用的电气图形符号可参考GB/T 4728.2—2005《电气简图用图形符号　第2部分：符号要素、限定符号和其他符号》。常用图形符号应用的说明如下。

（1）所有的图形符号，均按无电压、无外力作用的正常状态示出。

（2）在图形符号中，某些设备元件有多个图形符号，有优选形、其他形式等。选用符号应遵循的原则：尽可能采用优选形；在满足需要的前提下，尽量采用最简单的形式；在同一图号的图中使用同一种形式。

（3）符号的大小和图线的宽度一般不影响符号的含义，在有些情况下，为了强调某些方面或者为了便于补充信息，或者为了区别不同的用途，允许采用不同大小的符号和不同宽度的图线。

3. 农网配电电气识图常用的电气图形符号基本类型

农网配电电气识图常用的电气图形符号有：开关、控制和保护装置图形符号；测量仪表、灯和信号器件图形符号；电气基本文字符号（包括电气设备基本分类符号和电气设备常用基本文字符号），其符号规定依据GB/T 4728.2—2005《电气简图用图形符号　第2部分：符号要素、限定符号和其他符号》，具体内容可以参见该标准。

4. 农网配电常用的电气符号

（1）农网配电线工程路常用的电气图形符号。架空配电线路工程常用的电气符号见表1-4-1。

表 1-4-1　　配电线路工程部分常用图形符号

图形符号	说明	图形符号	说明
	圆形混凝土杆		线路电容器
	铁塔		线路断开
	H 形混凝土杆		单相接户线
	电缆		四线接户线
	水平拉线	12/5	更换电杆
	共同拉线	D/30	单相变压器
	带拉线绝缘子的拉线	S/30	单杆变台
	线路跳引线	S/315	地上变台
	弱电线路		撤除电杆
	松树林		三相接户线
	草地	30°	线路转角度
	不明树林	12/1　10/2	杆号、电杆高度表示法。1、2 为杆号，10、12 为杆高
	独立树	S/100	三相变压器
	湿地	S/30	双杆变台
	高山		建筑物（5 点表示五层楼房）
	岩石		阔叶林
	方形混凝土杆		杨柳树林
	木杆		针叶树林
	H 形木杆		果园
	普通拉线		沙滩
	V 形拉线		湖泊
	弓形拉线		江桥
	带撑杆的电杆		
	线路		
	撤除导线		
5m	电杆移位		

（2）农网配电线路电杆常用图形符号。架空配电线路电杆常用图形符号见表1-4-2。

表1-4-2　架空配电线路电杆常用的图形符号

图形符号	说明	图形符号	说明
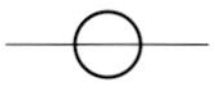	架空线路通用符号，包括电力、通信架空线路	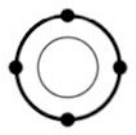	电杆保护用围桩
 A−B / C	电杆一般符号（单杆、中间杆），可加注文字符号表示：A-杆材或所属部门；B-杆长；C-杆号		单接腿杆（单接杆）
		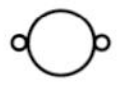	双接腿杆（双接杆）
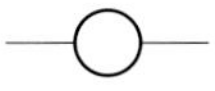	特型杆，用文字符号表示：H-H形杆；L-L形杆；A-A形杆；△-三角杆；♯-四角杆；S-分区杆；转角杆标注转角度数	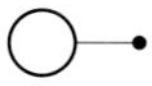	引上杆（小黑点表示电缆）
		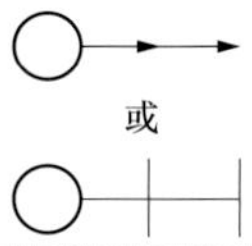 或	有V形拉线的电杆
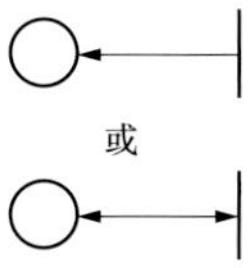 或	分别表示带撑杆的电杆和带撑拉杆的电杆	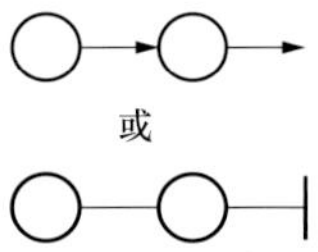 或	有高桩拉线的电杆
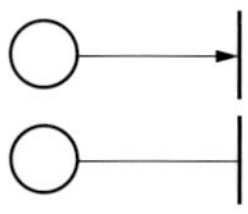	拉线一般符号	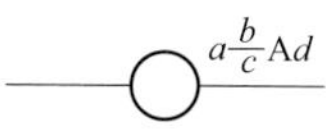 $a\frac{b}{c}Ad$	带照明灯的电杆的一般画法：a-编号；b-杆型；c-杆高；d-灯泡容量；A-照明线连接相序

（3）架空配电线路电杆常用的分类代号。架空配电线路电杆常用的分类代号见表1-4-3。

表1-4-3　架空配电线路电杆常用分类代号表

分类代号	说明	分类代号	说明
Z	直线杆	ZF2	直线电缆分支
J	转角杆	JF1	转角分支杆（架空）
ZJ1	单针转角杆	JF2	转角分支杆（电缆）
ZJ2	双针转角杆	K	跨越杆
N	耐张杆	D1	终端杆（架空引入）
NJ1	耐张转角杆（45°以下转角）	D2	高压架空引入避雷器
NJ2	十字横担耐张转角杆（45°以上转角）	D3	一根电缆引入
NJ3	直线架空T字分支杆	D4	二根电缆引入

4.2.2　农网配电电气图的识读

农网配电一般电气图的识读方法如下：

（1）结合电工与电子技术的基础知识。在各种输变配电、电力施动、配电检测用仪器仪表、照明、家用电器等的电路或线路连接关系都是依据它们的工作原理，按一定的规律合理地连接在一起的，而这种合理的连接都是建立在电工与电子技术理论基础上的。因此，要想迅速、无误地读懂电气图，具备一定的电工与电子技术的基础知识是十分必要的。例如，电力拖动常用的三相鼠笼式异步电动机的双向控制（即正、反转控制），就是基于电动机的旋转方向是由三相电源的相序来决定的原理，采用两个交流接触器或倒顺开关来实现的，它是通过改变提供给电动机电源的相序，来达到正、反转控制目的的。

（2）结合典型应用电路。典型应用电路是其典型应用时的基础电路，这种电路的最大特点是既可以单独应用，也可以进行扩展后应用。电气线路的许多电路都是由若干个典型应用电路组合而成的，常见的典型应用电路有电动机启动、制动、正反转控制、过载保护、时间控制、顺序控制及行程控制等电路。

因此，熟悉了各种典型应用电路，在识读电气图时，就可以将复杂的电气图划分为一个单元的典型应用图，由此就能有效、迅速地分清主次环节，抓住主要矛盾，从而可以读懂任何复杂的电气图。

（3）结合电气元器件的结构和工作原理。电气线路都是由各种电气元器件和配线组合而成的，如配电电路中的熔断器、断路器、互感器、负荷开关及电能表等；电力拖动电路中常用的各种控制开关、接触器和继电器等在识读电气图时，如果了解了这些电气元器件的性能、结构、工作原理、相互控制关系及其在整个电路中的地位和作用，对于帮助尽快读懂电气图很有帮助。

（4）结合有关图纸说明。图纸说明表述了该电气图的所有电气设备的名称及其数码代号，通过阅读说明可以初步了解该图有哪些电气设备。然后通过电气设备的数码代号在电路图中找出该电气设备，再进一步找出相互连线、控制关系，就可以尽快读懂了该图，同时也可以了解到所识读电路的特点和构成。

（5）结合电气图形符号、标记符号。电气图是利用电气图形符号来表示其构成和工作原理的。因此，结合上面介绍的电气图形符号、标记符号读图，就可以顺利地读懂任何电气图。

4.2.3 高、低压配电系统图的识读

1. 读图方法

（1）了解配电站基本情况：①配电站在系统中的地位与作用；②配电站的类型；③对新建的或是扩建的配电站，要了解新建或扩建的必要性。

（2）了解主变压器的主要技术数据。这些技术数据一般都标在电气主接线图中，也有另列在设备表内的。主变压器的主要技术数据包括额定容量、额定电压、额定电流和额定频率。

（3）明确各个电压等级的主接线基本形式。配电站都有两个或三个电压等级。阅读电气主接线图时应逐个阅读，明确各个电压等级的主接线基本形式，这样，就能比较容易看懂复杂的电气主接线图。对配电站来说，主变压器高压侧的进线是电源，所以要先看高压侧的主接线基本形式，如有中压再看中压侧的，最后看低压侧的。

（4）检查开关设备的配置情况。①对断路器配置的检查；②对隔离开关配置的检查。

（5）检查互感器的配置情况。①检查应该装电流互感器和电压互感器的位置是否都已配置；②配置的电流互感器，要查看同一安装点装设电流互感器的只数，例如：有没有漏装、装两只的是否装在两个边相上等。

（6）检查避雷器的配置情况。应该说明的是，有关避雷器的配置情况，有些电气主接线图中并不绘出，故也不必检查。

2. 实例分析

识读图 1-4-2 所表示的 6～10kV/0.4kV 配电站电气系统图。

分析：该图是一种最常见的高压侧无母线的电气系统图。电压由 6～10kV 架空线（W1）或电缆引入，经过高压隔离开关 QS 和高压断路器 QF 送到变压器 T，当负荷较小时（315kVA 及以下）时，可以采用跌落式熔断器或隔离开关—熔断器，也可以采用隔离开关

一负荷开关，对变压器进行高压控制。

经变压器 T 降压成 400/230V 低压后，进入低压配电室，经低压开关 Q2（空气断路器 Q3）送到低压母线（W2），再经过低压隔离开关（Q4、Q5、Q6）、熔断器（F5、F6）和断路器 Q7 送到其他用电点。

高压、低压侧装有电流互感器 TA1 和 TA2 和电压互感器 TV，用于测量和保护。电流互感器二次线圈与电压互感器二次线圈分别接到电能表的电流线圈和电压线圈，以便计量电能量损耗。电流互感器二次线圈还接到电流表，以便测量各相电流，并供电给电流继电器以实现过流保护。电压互感器的二次线路接到电压表，以便测量电压，并供电给绝缘监察用的仪表。

为防止雷电波沿架空线路侵入变电站，在进线侧安装有避雷器 FV。

4.2.4 低压电气装置控制原理图和接线图的识读

1. 低压电气控制图的识读

低压电气控制图是电气原理图的一部分，其主电路与控制电路相辅相成，控制电路主要作用是控制主电路，来实现控制低压电气装置动作。识读方法如下：

（1）明确主电路的功能，正确划分控制电路的位置及与主电路的基本联系。

（2）明确控制电路中各电器触头（或触点）的位置，一般来说，各电器触头（或触点）都按电路未通电或电器未受外力作用时的常态位置画出。

（3）在原理图中，同一电器的各元件按其在电路中所其的作用分别画在不同的电路中。但它们的动作互相关联，并标注相同的文字符号。

2. 低压电器装置接线图的识读

低压电气装置接线图最为常见的是配电屏接线图，它包括屏面布置图、屏背面接线图和端子排图等几个部分。其识读方法如下：

（1）安装接线图。识读安装接线图时，应对照展开图，根据展开图阅读顺序，全图从上到下、每行从左到右进行。导线的连接应用“对面原则”来表示。阅读步骤如下：

1）对照展开图了解设备组成。

2）看交流回路。每相电流互感器通过电缆连接到端子排试验端子上，其回路编号分别为 U411、V411、W411，并分别接到电流继电器上，构成继电保护交流回路。

3）看直流回路。①控制电源从屏顶直流小母线 L_+、L_- 经熔断器后，分别引到端子排上，通过端子排与相应仪表连接，构成不同的直流回路。②从屏顶小母线＋700、－700 引到端子排上，通过端子排与信号继电器连接，构成不同的信号回路。

（2）屏面布置图。开关柜的屏面布置图是加工制造屏、盘和安装屏、盘上设备的依据。上面每个元件的排列、布置，都是根据运行操作的合理性，并考虑维护运行和施工的方便而确定的，因此应按照一定比例进行绘制。屏内的二次设备应按一定顺序布置和排列。

1）电器屏上，一般把电流继电器、电压继电器放在屏的最上部，中部放置中间继电器和时间继电器，下部放置调试工作量比较大的继电器、压板及试验部件。

2）在控制屏上，一般把电流表、电压表、频率表和功率表等靠屏的最上部，光字牌、指示灯、信号灯和控制开关放在屏的中部。

（3）屏背面接线图。屏背面接线图是以屏面布置图为基础，并以展开图为依据而绘制成的接线图。它是屏内元件相互连接的配线图纸，表明屏上元件在屏背面的引出端子间的连接情况，以及屏上元件与端子排的连接情况。为了配线方便，在这种接线图中，对各设备和端子排一般采用“对面原则”进行编号。

（4）端子排图。

1）端子排的作用。端子是二次接线中不可缺少的配件。虽然屏内电器元件的连线多数是直接相连，但屏内元件与屏外元件之间的连接，以及同一屏内元件接线需要经常断开时，一般是通过端子或电缆来实现。

许多接线端子的组合称为端子排。端子排图就是表示屏上需要装设端子数目、类型、排列次序以及它与屏内元件和屏外设备连接情况的图纸。

端子排的主要作用如下：①利用端子排可以迅速可靠地将电器元件连接起来；②端子排可以减少导线的交叉和便于分出支路；③可以在不断开二次回路的情况下，对某些元件进行试验或检修。

2）端子排布置原则。每一个安装单位应有独立的端子排。垂直布置时，由上而下；水平布置时，由左至右，按下列回路分组顺序地排列：

a. 交流电流回路（不包括自动调整励磁装置的电流回路）。按每组电流互感器分组。同一保护方式的电流回路一般排在一起。

b. 交流电压回路。按每组电压互感器分组。同一保护方式的电压回路一般排在一起，其中又按数字大小排列，再按 U、V、W、N、L（A、B、C、N、L）排列。

c. 信号回路。按预告、指挥、位置及事故信号分组。

d. 控制回路。其中又按各组熔断器分组。

e. 其他回路。其中又按远动装置、励磁保护、自动调整励磁装置电流电压回路、远方调整及联锁回路分组。每一回路又按极性、编号和相序排列。

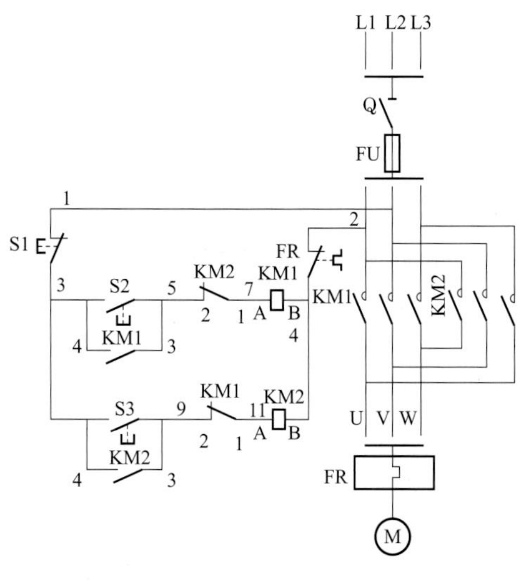

图 1-4-8　三相异步电动机正、反转控制电路图

f. 转接回路。先排列本安装单位的转接端子，再安装别的安装单位的转接端子。

3. 实例分析

识读图 1-4-8 所示三相异步电动机正、反转控制电路工作原理。

分析：图 1-4-8 是控制三相异步电动机正、反转运行状态的电气控制电路图。这个电路主要由两部分组成，其中，交流 380V 三相电源经刀开关 Q、熔断器 FU、接触器 KM1 和 KM2 的主触点、热继电器 FR 的热元件至电动机 M 为主电路；控制接触器 KM1 和 KM2 接通与断开（即控制电动机正、反转运行状态。S2 接通为正转，S3 接通为反转）的电路为控制电路，由按钮 S1、S2、S3、接触器 KM1 和 KM2 的工作线圈、辅助触点、热继电器 FR 的辅助触点构成。

这一控制电路所描述的该控制装置的工作过程和原理如下：合上刀开关 Q，接通了主电路和控制电路的工作电源（380V）；按下按钮 S2，接触器 KM1 线圈通电，主触点闭合，电动机 M 正转；按下按钮 S3，接触器 KM2 线圈通电，主触点闭合（KM1 主触点先断开），电动机 M 反转；按下 S1，控制电路电源断电，KM1 和 KM2 均断开，电动机 M 停转。图中，热继电器 FR 起过载保护作用，当其动作时，其触点将控制电路断开。KM1 和 KM2 之间通过各自一对辅助常闭触点相互联锁，即为防止相间短路，KM1 和 KM2 不能同时闭合，也就是电动机不能同时正转和反转。

4.2.5 照明施工图的识读

照明施工图是室内电气照明装置安装的重要依据。电气施工人员在施工前必须认真详细阅读电气照明施工图，弄清电气照明设计的意图及施工要求，以便正确地施工。建筑物地土建施工与电气安装密切相关，土建施工人员也应了解和掌握电气照明设备安装的基本要求。阅读电气照明施工图时可以按：进户点→配电箱→支路用电设备的顺序来阅读。

4.2.6 配电线施工图的识读

1. 配电线路路径图的识读

配电线路路径图是表现线路走向及途径地形、地物、地貌和线路跨越等基本特征的图形，路径图通常以平面形式的地形图表示，能够反映线路走向、杆位布置、档距、耐张杆、拉线等情况。

架空配电线路平、断面图包括平面图、断面图和杆塔明细表三部分。

（1）平面图。

1）平面图特点：架空线路平面图标注了线路规格走向、回路编号、杆位编号、档数、档距、拉线、重复接地、避雷器等，如果是电缆线路应标注线路走向、回路编号、电缆型号及规格、敷设方式、人（手）井位置。

2）平面图识读。

a. 平面图就是线路在地平面上地布置图，也就是线路地俯视图，但主要用符号来表示，是一种简图。

b. 平面图要求严格，有比例要求（1/2000）。

c. 平面图包括线路走向、杆位布置、各种杆塔档距、里程、标高、耐张段长度、拉线情况、代表档距等，是输配电线路最主要的图形。

d. 识读平面图必须要熟悉常用电气图形符号、杆塔分类型号及命名方法。

（2）断面图。对于 10kV 以下的架空电力线路，特别是在线路经过地域的地形不太复杂的情况下，一份线路平面图，加上必要的文字说明，基本上可以满足施工要求，但对于 10kV 以上的线路，尤其是地形比较复杂，单一的线路平面图还不足以对线路描述清楚，还应有一线路纵断面图。

架空线路的纵断面图是沿线路中心线的剖面图。通过对纵断面图可以看出线路经过地段的地形断面情况，各杆位之间地坪相对高差，导线对断面距离、驰度及交叉跨越的立面情况。因此纵断面图对指导施工具有重大意义。通常，为了使图更加紧凑、实用，常常就将平面图于纵断面图合并，绘制成断面图。

断面图是平断面图的重要组成部分，其特点和表现的主要内容有：

1）断面图上有表示线路测量确定的桩位。

2）图上能够标示桩位和杆位的高程。

3）在断面图上按比例画出了杆高与交叉跨越的高度，并大致地画出了导线驰度及其各种限距。

4）线路断面图要求严格，有比例要求（1/500）。

5）线路断面图包括沿线路中心线的断面导线，杆塔位置及交叉跨越和地面物的位置、标高、里程、杆塔编号、杆塔型式、弧垂线等。

6）与平断面图配套地还有线路明细表，平面图与断面图虽然能够比较清楚地表现架空线路的一般情况。但对于杆位情况却表现不够充分，杆位是埋设电杆的，电杆规格、杆型、挖坑深度、拉线坑等情况，显然应具体表明。因此，除了平面、断面图以外，还应有一张说明杆位具体情况的图纸，称为杆塔明细表。

常见的断面图使用符号见表 1-4-4。

表 1-4-4　　常见电力线路断面图图例

名　称	符　号	名　称	符　号	名　称	符　号
直线杆		公路		低洼地	
耐张杆		河道	河	通信线	
转角杆		池塘		电力线	高压 低压
直线转角杆		桥梁		树林	
换位杆		房屋		稻田	
铁路		高地		旱田	

杆塔明细表包含了线路平断图上的设计、施工所需要的各种数据，它同平断面图相对应，如××线路杆塔明细表见表 1-4-5。

表 1-4-5　　××线路杆塔明细表

杆号	杆型	杆高（m）	档距（m）	交叉跨越	耐张段长度（m）	代表档距（m）	地质	底盘		拉线盘		接地电阻（Ω）	备注
								个数（个）	埋深（m）	个数（个）	埋深（m）		
N1	A	15	132	10kV线路	132	132	黏土	2	1.5	4	2	10	绝缘子倒挂
N2	Y60	15	186		1644（右 35°）	358（左 3°）	碳岩	2	1.5	4	2	30	
N3	Z1	18	232				碳岩	2	1.5	2	2	30	
N4	Z1	15	511	二线电话线			碳岩	2	1.5	2	2	30	
N5	Z1	15	155				碳岩	2	1.5	2	2	30	
N6	Z1	15	360				黏土	2	1.5	4	2	15	
N7	Z1	15	200				黏土	2	1.5	4	2	15	
N8	A3	15					碳岩	2	1.5	4	2	30	

例1　图1-4-6是某发电站到变电站路径图，主要表示发电站至1～3号变电站线路的布置，对该路径图进行说明。

分析：该路径图描述的主要对象是发电站至1号变电站（T1）10kV架空电力线路路径图，通过对该图的阅读分析可以明确：

（1）该线路共分为5个耐张段：第1耐张段，1～25号杆，2000m；第2耐张段，25～46号杆，1800m；第3耐张段，46～47号杆，1500m；第4耐张段，70～71号杆，300m，跨越河流；第5耐张段，71～82号杆，900m。

（2）线路全长：L＝2000＋1800＋1500＋300＋900＝6500m＝6.5km

（3）杆型：终端杆，1号杆，82号杆；分支杆，25号杆；转角杆，46号杆，转角27°，采用30°杆；跨越杆，70号杆、71号杆，跨越河流；直线杆。

2号变电站（T2）的分析方法类似。

例2　图1-4-9为某线路平、断面图，请对图进行识读。

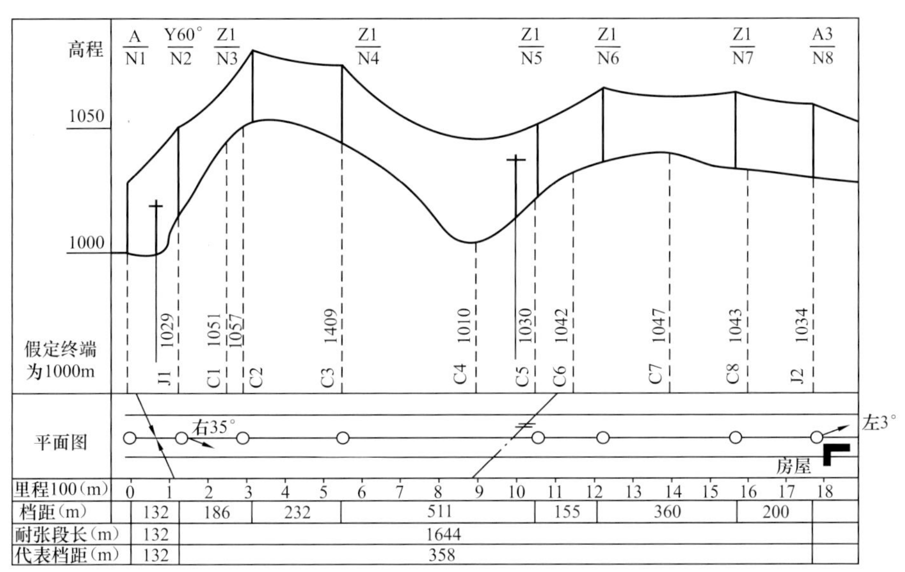

图1-4-9　某线路平、断面图

分析：（1）在该平面图中画出了线路（导线、电杆）的布置和走向，下方有相关的里程和有关数据。

（2）平面图中只画出了线路沿线十几米宽的狭窄地形、地物及交叉跨越情况。在图中，1号、2号杆跨越了10kV线路，4号、5号杆跨越了通信线路，8号、9号杆跨越了房屋等。2号杆是转角直线杆（右转35°），8号杆为转角A型杆（左转角3°）。

（3）里程表，每100m为1档；各杆之间的档距（4号、5号杆为511m），耐张段长，比如该线路有2个耐张段，分布为132m，1644m；代表档距，分别为132m（孤立档）、358m。

（4）从断面图可知，线路桩位有2种：转角桩J1、J2、其他为直角桩（C1～C8）。

（5）桩位与高程。J1桩为1029m，比起点高29m；C2桩为1057m，比起点高57m；其他各点高程可以从图中量出。

（6）在断面图上还标出了杆高与交叉跨越物的高度，并大致画出了地形的驰度及各种限距。如1号杆与2号杆之间的导线与10kV线路交叉跨越的垂直距离大约为8m，4号和5号杆之间的导线对地距离最短处大约为9.5m。

（7）杆型：对应的每根杆都标出了杆型和杆号，N1杆，杆型为A；N2杆，杆型为Y60°，这是转角60°的转角杆和分段用的耐张杆，N1～N7为直线杆，N8为耐张杆，杆型为A3型。

2. 配电线路及设备安装图的识读

配电线路安装图包括配电线路杆塔附属设施安装图（包括杆塔金具、绝缘子、横担和拉线）和配电设备（高压跌落式熔断器、避雷器和接地装置、柱上断路器和负荷开关、配电变压器）的安装图。

（1）配电线路杆塔设施安装图。识读该类图形要注意以下几点：

1）该类图一般有正视图和俯视图，在图上有明确的安装尺寸。

2）识读该类图一定要熟悉杆塔金具、绝缘子等设施的种类、规格和型号，以便正确选择和组装，一般的安装图均配有材料明细表。

3）杆塔附属设施在安装时必须遵循《电气装置安装工程66kV及以下架空电力线路施工及验收规范》《架空配电线路及设备运行规程》相关规程要求。

例3　识读图1-4-10所示的某终端杆组装图。

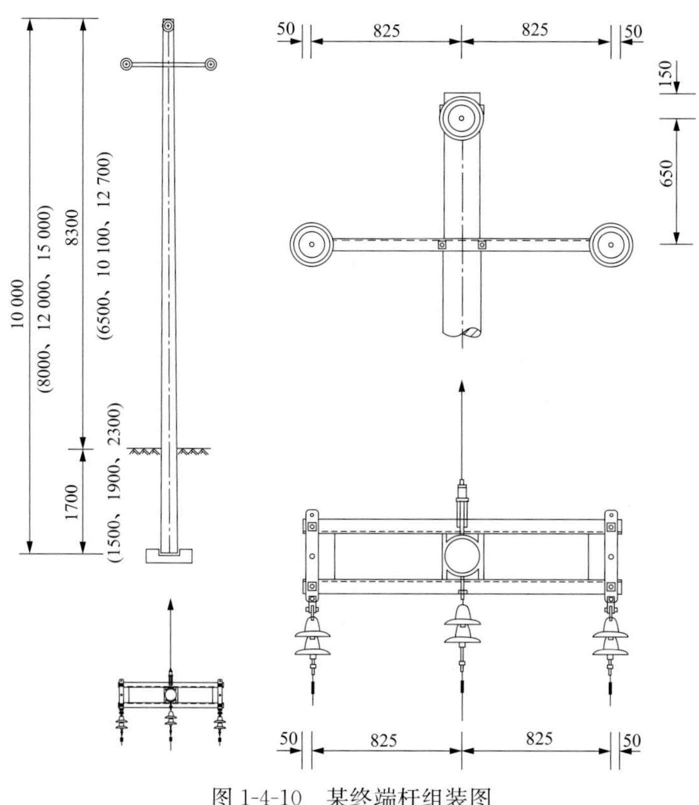

图1-4-10　某终端杆组装图

分析：（1）该杆塔为混凝土电杆拔梢杆（终端杆），杆高10m，埋深1.7m，采用了底盘，杆顶采用双合抱箍，一边连绝缘子，一边连拉线楔形线夹。

（2）本杆塔为典型的10kV线路，采用XP-70型瓷质绝缘子，每相导线使用2片绝缘子，3相共用6片。顶相绝缘子安装在双合抱箍一侧，抱箍安装位置距杆梢150mm。

（3）本杆塔常用角铁双横担规格为∠70×70×7×1750mm，横担距杆梢800mm，横担安装使用4副M16×280mm的双头螺栓，两相绝缘子安装时通过直角挂板连在角铁挂座上。

（4）材料具体的种类、规格和数量见表1-4-6。

表1-4-6　　杆塔安装材料明细表

序号	名称	型号	单位	数量	备注
1	水泥电杆	ϕ150×10 000	根	1	
2	横担	∠70×70×7×1750	根	2	根据档距及导线型号选定
3	悬式绝缘子	XP-70	片	6	
4	直角挂板	Z-7	副	3	
5	球头挂环	QP-7	个	3	
6	单联碗头	W-7B	个	3	
7	耐张线夹	NLD-	个	3	根据导线型号选定
8	挂线板	－60×6×410	块	2	
9	拉线抱箍	抱1—163（ϕ150）	副		
10	楔形线夹	NX-	副	1	
11	UT形线夹	NUT-	副	1	
12	拉线棒	ϕ18×2000	根	1	
13	拉线板	－60×6×100	块	2	
14	拉线	GJ-	根	1	设计选定
15	U形环	U-18	副	1	
16	拉线盘	300×600	块	1	
17	方垫片	－4×40	块	12	
18	螺栓	M16×35	副	4	
		M16×280	副	4	
19	铝包带	－10×1	kg	0.3	
20	底盘	600×600	块	1	

（2）配电线路拉线安装图。配电线路拉线主要用于平衡导线对电杆的不平衡张力或用于电杆基础不稳定情况下来维持电杆稳定，正确识读拉线安装图是配电线路检修工作重要内容。

1）拉线线夹组装图。

例 4 请识读图 1-4-11 所示的 GJ-35 拉线线夹组装图，并列出材料表清单。

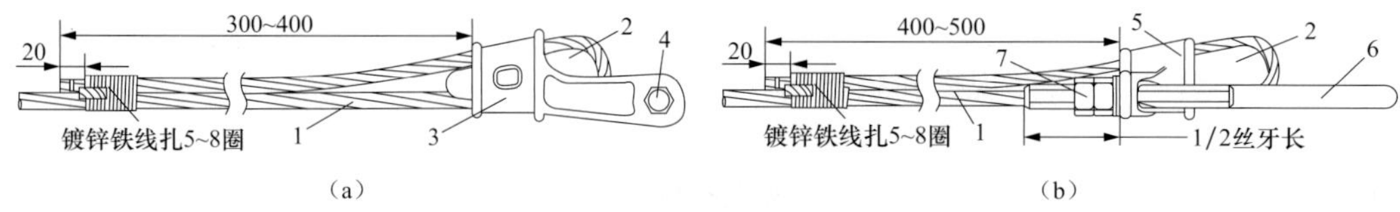

图 1-4-11 GJ-35 拉线线夹组装图

（a）楔形线夹组装图；（b）UT 形线夹组装图

分析：（1）图（a）中各部分材料名称如下：1—GJ-35 钢绞线；2—舌板；3—楔形线夹；4—连接螺栓。图（b）中各部分材料名称如下：1—GJ-35 钢绞线；2—舌板；5—UT 形线夹；6—U 形环；7—螺母。

（2）安装方法：进行楔形线夹安装时，拉线的回头尾端应由线夹的凸肚穿出，并绕舌板锲在线夹内，舌板大小的方向应与线夹一致，拉线尾细的出头长度为 20mm，楔形拉线尾线长 300～400mm，UT 形线夹尾线长度尾 400～500mm。UT 形线夹安装时，当拉线收紧后 U 形螺栓的丝牙应露出长度的 1/2，同时，应加双螺母拧紧，最完美螺母应采用防水螺母。

（3）拉线线夹组装所需各部分材料见表 1-4-7。

表 1-4-7 材 料 表

序号	名称	规格	数量
1	钢绞线	GJ-35	5kg
2	舌板	与 NX-1 配套	
3	楔形线夹	NX-1	1
4	连接螺栓	M16×35	1
5	UT 形线夹	NUT-1	1
6	U 形环	U-18	1
7	螺母	M16	4

例 5 请说明图 1-4-12 所示拉线整体安装图中各部分名称。

分析：（1）图（a）中各部分名称如下：1—拉棒；2—拉盘；3—螺栓；4—UT 形线夹；5—楔形线夹；6—钢绞线；7—U 形环。

（2）图（b）中各部分名称如下：1—楔形线夹；2—球头挂环；3—拉线绝缘子（悬式代用）；4—碗头挂板；5—UT 形线夹。

（3）图（c）中 6—低压拉线绝缘子；7—线卡子。

2）配电装置安装结构图。

配电变压器安装工程量大，一般有专用的图纸，而一般般配电设备较为简单，因此这里不讨论配电装置的具体安装图，只研究其配电装置结构图。

例 6 请说出图 1-4-13 中配电变压器各数字标号所指器件名称。

分析：图中配电变压器为中小型电力变压器，各标号的名称如下：1—箱盖；2—箱壳；3—套管；4—散热器；5—热虹吸静油器；6—防爆管；7—油枕；8—吊环；9—油位计；10—吸湿器。

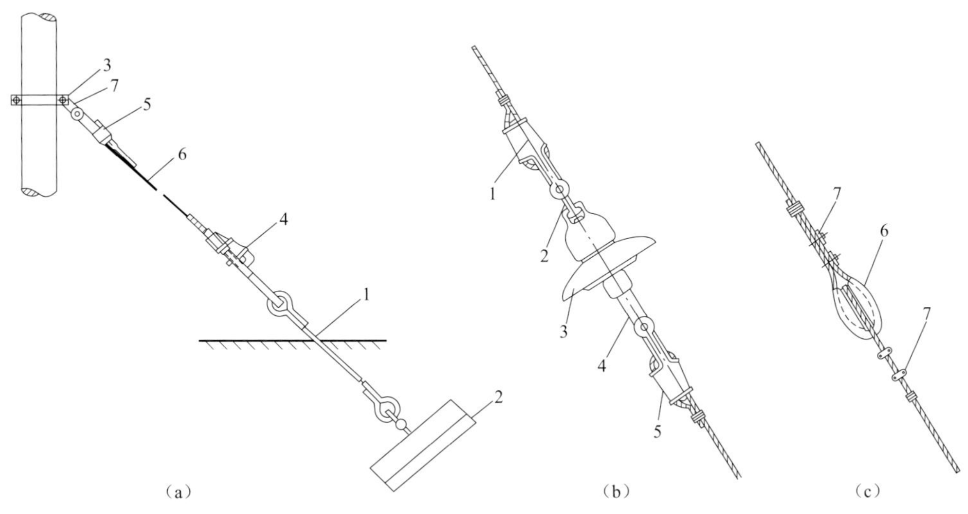

图 1-4-12 拉线整体组装图

（a）拉线整体安装图；（b）10kV 带拉线绝缘子组装图；（c）低压带绝缘子拉线组装图

例 7 请说出图 1-4-14 所示跌落式熔断器数字标号的名称。

分析：该跌落式熔断器为 RW3-10 型跌落式熔断器，各数字标号名称为：1—熔管；2—熔丝元件；3—上触头；4—绝缘瓷套管；5—下触头；6—端部螺栓；7—紧固板。

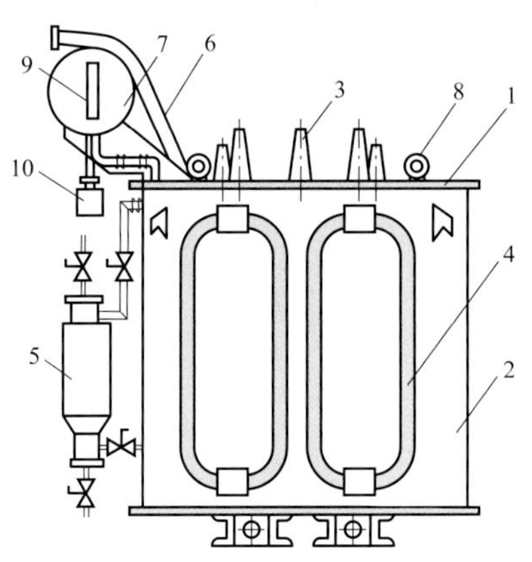

图 1-4-13 配电变压器外形结构

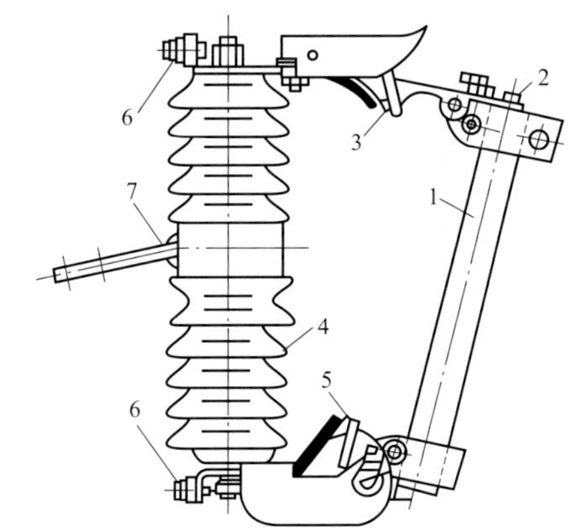

图 1-4-14 跌落式熔断器结构

第2篇

农网配电营业工（运行）实训部分

模块1　配电第一种工作票的填写与使用

一、作业任务

根据工作内容，进行现场勘察，填写并使用配电第一种工作票。

二、引用文件

（1）《10kV及以下架空配电线路设计技术规程》（DL/T 5220—2005）。

（2）《国家电网公司生产技能人员职业能力培训规范 第33部分：农网配电》（Q/GDW 232.33—2008）。

（3）《国家电网公司电力安全工作规程（配电部分）（试行）》（国家电网安质〔2014〕265号）。

（4）《配电网运行规程》（Q/GDW 519—2010）。

三、作业条件

现场勘察、工作票的使用应在良好干燥天气进行，在操作过程中，遇到5级以上大风以及雷暴雨、冰雹、大雾、沙尘暴等恶劣天气时应停止工作。

四、作业前准备

1. 现场勘察的基本要求和条件

（1）现场勘察必须由工作负责人组织并参加。

（2）勘察人员必须亲自到现场进行实地勘察，并做好勘察记录。

（3）强雷、暴风、暴雨等恶劣天气严禁进行现场勘察，勘察中出现恶劣气象时应立即停止勘察工作。

（4）勘察人员必须具备相应安全知识和技能。

2. 工器具及材料选择

现场勘察、工作票填写与使用所需的工器具见表2-1-1。

表2-1-1　现场勘察、工作票填写与使用所需工器具

序号	名称	规格	单位	数量	备注
1	数码相机		台	1	
2	摄像机		台	1	
3	测距仪		台	1	

续表

序号	名称	规格	单位	数量	备注
4	标杆		套	1	
5	线路走向图等资料		套	1	
6	记录本		本	3	
7	望远镜		架	1	
8	签字笔		支	1	

五、作业程序

1. 操作流程

本任务工作流程见表 2-1-2。

表 2-1-2　现场勘察、工作票填写及使用操作流程

序号	作业内容	作业标准	注意事项	责任人
1	前期准备工作	（1）根据工作任务要求，确定勘察路线及范围。 （2）准备数码相机、记录本等工具。 （3）核对线路线路图纸、停电范围		
2	工器具的检查	数码相机、线路图纸、记录设备等齐全并符合要求	线路图纸、停电范围应清楚明确	
3	现场勘察总要求	配电检修（施工）作业和用户工程、设备上的工作，工作票签发人或工作负责人认为有必要现场勘察的，应根据工作任务组织现场勘察，填用现场勘察记录，现场勘查记录填写方式见表 2-1-3。填好的现场勘察记录送交工作票签发人、工作负责人及相关各方，作为填写、签发工作票等的依据	现场勘察记录格式，作为推荐格式，各单位可根据工作实际需求，在不违背《安规》有关条文的基础上进行增减、修改	
4	现场勘察范围及内容	（1）工作地点需要停电的范围：查明设备的运行状态、设备（线路）双重名称、电压等级、停电范围、配合停电设备或线路以及应拉开的断路器（开关）、隔离开关（刀闸）、熔断器等相关信息。 （2）保留的带电部位：查清邻近保留带电设备、临近电力线路或其他线路。 （3）作业现场的条件、环境及其他危险点：查清作业点运行设备分布情况、施工地理情况，线路杆塔结构、杆塔、拉线基础情况；感应电、交叉跨越、道路（河流）、多电源、自发电、小水（火）电情况、地下管网沟道及其他影响施工作业的设施情况等。 （4）应采取的安全措施：针对作业现场的条件、环境及其他危险点采取可靠的安全措施。接地线（个人保安接地线）、绝缘杆（挡板、罩）、围栏、标示牌、临时拉线、跨越架、专职监护人等设置情况	（1）勘察要到位。 （2）危险点分析要准确。 （3）记录要详细。 （4）绘图要清楚、详细	
5	现场勘察记录保管及修正	（1）现场勘察记录应随工作票（检修联）一起留存保管。 （2）开工前，工作负责人或工作票签发人应重新核对现场勘察情况，发现与原勘察情况有变化时，不得开工，必须查明原因；重新确定危险点及预控措绝	当勘察时情况和开工工作时情况发生变化，工作负责人和工作票签发人应重新核对相关情况	

续表

序号	作业内容	作业标准	注意事项	责任人
6	配电第一种工作票填写与签发基本要求	（1）工作票由工作负责人填写，也可由工作票签发人填写。 （2）工作票采用手工方式填写时，应用黑色或蓝色的钢（水）笔或圆珠笔填写和签发，至少一式两份。工作票票面上的时间、工作地点、线路名称、设备双重名称（即设备名称和编号）、动词等关键字不得涂改。若有个别错、漏字需要修改、补充时，应使用规范的符号，字迹应清楚。用计算机生成或打印的工作票应使用统一的票面格式。 （3）由工作班组现场操作时，若不填用操作票，应将设备的双重名称、有关设备检查、线路的名称、杆号、位置及操作内容等按操作顺序填写在工作票上。 （4）工作票由设备运维管理单位签发，也可由经设备运维管理单位审核合格且经批准的检修（施工）单位签发。检修（施工）单位的工作票签发人、工作负责人名单应事先送设备运维管理单位、调度控制中心备案。 （5）供电单位或施工单位到用户工程或设备上检修（施工）时，工作票应由有权签发的用户单位、施工单位或供电单位签发。 （6）一张工作票中，工作票签发人、工作许可人和工作负责人三者不得为同一人。工作许可人中只有现场工作许可人（作为工作班成员之一，进行该工作任务所需现场操作及做安全措施者）可与工作负责人相互兼任。若相互兼任，应具备相应的资质，并履行相应的安全责任	（1）承、发包工程，工作票可实行“双签发”。由发包方工作票签发人负责审核工作的必要性和安全性。签发工作票时，双方工作票签发人在工作票上分别签名，各自承担相应的安全责任。 （2）工作票应由工作票签发人审核，手工或电子签发后方可执行	
7	工作票的填写步骤一：填写单位、编号、工作负责人、班组	（1）单位为工作单位全称。 （2）编号按规程或省公司文件统一执行。 （3）工作负责人填现场总负责人的姓名。 （4）班组名称填写从事工作任务的班组全称	具体填写方式见表2-1-4	
8	工作票的填写步骤二：填写工作班成员（不包括工作负责人）	（1）当工作班成员少于或等于10人时，应填写所有人员姓名。 （2）当工作班人员多于10人时至少应填写10个成员的姓名（如现场检修分小组作业时，应填写小组负责人姓名），其余可采用填写“等”的方式。 （3）对于民工和临时工，工作负责人应明确指定其负责人，并将其负责人姓名记于本栏内，例如：“民工张×等”，民工、临时工人数纳入现场作业人员总人数，在括号内进行填写说明，如（含民工张×等6人）。 （4）“共××人”应填写除工作负责人以外的所有工作人员的数量，包括施工现场民工、临时工	具体填写方式见表2-1-4	
9	工作票的填写步骤三：工作任务填写	（1）工作地点或设备项：填写工作线路名称及起止杆号。如果工作地点为新建不接电线路，则填写所做安全措施的线路名称及杆号（涉及交叉跨越停电）。 （2）工作内容项：填写在相对应的工作地段或地点内所从事的工作内容及所做相关安全措施	（1）切忌使用整改或改造等词。 （2）具体填写方式见表2-1-4	

续表

序号	作业内容	作业标准	注意事项	责任人
10	工作票的填写步骤四：计划工作时间填写	（1）高压为停电申请书批准检修时间。 （2）低压为运行单位批准的检修时间	年份用四位数表示，月份、时、分均用两位数表示	
11	工作票的填写步骤五：安全措施	（1）调控人员应采取的安全措施：①拉开变电站10kV断路器（开关）；②拉开负荷侧隔离开关（刀闸）；③拉开电源侧隔离开关（刀闸）；④装设的接地线或合上的接地开关。 （2）运维人员应采取的安全措施：①例如变电站开关转热备用后，拉开10kV支线隔离开关（刀闸）；②装设的接地线应明确具体位置；③在一经合闸即可送电到工作地点的开关、隔离开关（刀闸）、熔断器的操作手柄或杆塔上应装设“禁止合闸，有人工作”或“禁止合闸，线路有人工作”的标示牌。 （3）工作班完成的安全措施：①工作班自行装设的遮栏；②工作班自行悬挂的标示牌；③工作班自行设置的双向警示标志；④个人保安线使用情况；⑤与带电部分保持安全距离采取的措施等。 （4）工作班装设（或拆除）的接地线有以下几种：①未涉及工作转移时，列入现场全部应挂的接地线，注意填写清楚线路名称或设备双重名称和装设位置；②涉及工作转移时，所列接地线和位置应全列，送交签发人审核并签发；③配合停电线路应装设的现场接地线。 （5）配合停电线路应采取的安全措施有：①拉开危及线路停电作业，且不能采取相应安全措施的邻近或交叉跨越、同杆架设线路断路器（开关）、隔离开关（刀闸）、熔断器（不论该线路是否随工作线路同停）；②邻近或交叉跨越、同杆架设线路停电后，应装设的操作接地线；③悬挂的标示牌；④配合停电现场的接地线列入表2-1-4中5.3项。 （6）保留或邻近的带电线路、设备指与工作地段相邻近的平行、交叉或同杆架设的未停电线路，以及在部分停电线路中，与带电部分相连接的处于断开状态的开关设备。 （7）其他安全措施和注意事项：对于工作中遇到的特殊情况，在存在一定危险因素的地形、地物、气候以及设备状况等情况下的工作，必须要有相应的安全措施。 （8）专责监护人：在容易发生触电、危险点较大、误登杆塔的地方应制定专责监护人，并需专责监护人签字认可	（1）年份用四位数表示，月份、时、分均用两位数表示。 （2）接地线装设时间、拆除时间和对应的工作阶段全部现场手工填写。 （3）所列安全措施应完整；关键词语、数字不得更改。 （4）具体填写方式见表2-1-4	
12	工作票的签发	（1）工作票签发人签名，工作负责人签名。 （2）工作负责人应提前知晓工作票内容，并做好工作准备	签名齐全，签发时间与接收工作票时间符合要求	
13	其他安全措施和注意事项补充	工作班成员到达现场，由工作负责人或工作许可人根据现场需要手工填写补充安全措施：①防止受地理、自然环境发生事故、交通及防火等安全措施；②吊车吊物、立杆时应有专人指挥，专人监护，统一指挥信号等	按实际工作现场需要进行补充	

续表

序号	作业内容	作业标准	注意事项	责任人
14	工作许可	(1) 工作班成员做好安全措施后，由工作许可人检查后进行工作许可。如果工作许可人不在现场，则跟工作许可人报告现场情况，由工作可续人进行许可。 (2) 工作许可时，工作票一份由工作负责人收执，其余留存工作票签发人或工作许可人处。工作期间，工作票应始终保留在工作负责人手中。工作许可： 1) 许可线路设备名称需准确填写； 2) 许可方式：当面许可、电话许可； 3) 工作许可人：当面许可时由许可人签名，电话许可时由工作负责人代签； 4) 工作负责人签名：工作负责人现场签名； 5) 许可工作的时间：现场分别许可的时间	(1) 年份用四位数表示，月份、时、分均用两位数表示。 (2) 许可正确、清楚。 (3) 具体填写方式见表 2-1-4	
15	工作票的使用	(1) 全体工作班成员列队，工作负责人进行现场交底。工作班成员确认工作负责人布置的工作任务，人员分工、安全措施和注意事项并签名。①无分组时，全体工作班成员签名（含民工）；②有分组时由小组负责人签名：如：××等 8 人，不能代签，若个别民工不识字，由工作负责人代签，本人盖手印。 (2) 在原工作票的停电及安全措施范围内增加工作任务时，应由工作负责人征得工作票签发人和工作许可人同意，并在工作票上增填工作项目。若需变更或增设安全措施，应填用新的工作票，并重新履行签发、许可手续	(1) 交底清楚明白，并确认每一个工作人员都知晓。 (2) 签字应由本人签字或盖手印	
16	工作任务单登记	(1) 若一张工作票下设多个小组工作，工作负责人应指定每个小组的小组负责人（监护人），并使用工作任务单工作任务单应一式两份，由工作票签发人或工作负责人签发。工作任务单由工作负责人许可，一份由工作负责人留存，一份交小组负责人。工作结束后，由小组负责人向工作负责人办理工作结束手续。 (2) 工作任务单登记。 工作任务单编号：001-02-01、001-02-02 等。 工作任务：10kV ××线××杆更换金具、铁附件、拉线、绝缘子。 小组负责人：小组负责人签名。 工作许可时间：总许可时间之后。 工作结束报告时间：总终结时间之前	(1) 具体填写方式见表 2-1-4。 (2) 工作任务单的填写方式见表 2-1-5。 (3) 工作任务单的时间与工作票时间一致	
17	人员或工作任务变更	(1) 变更工作负责人或增加工作任务，若工作票签发人和工作许可人无法当面办理，应通过电话联系，并在工作票登记簿和工作票上注明。 (2) 人员变更：①工作负责人变动情况：若工作负责人必须长时间离开工作现场时，应由原工作票签发人变更工作负责人，并履行书面变更手续，并告之全体工作人员及工作许可人。原、现工作负责人应做好必要的交接；②工作人员变动情况：工作人员变动情况：写清楚变更人员的姓名、日期及时间，如分为小组进行工作，还应写明具体参加哪个小组的工作。工作负责人签字确认	(1) 工作负责人或工作班成员变更，应履行收确认手续，并通知全体工作班成员。 (2) 具体填写方式见表 2-1-4	

续表

序号	作业内容	作业标准	注意事项	责任人
18	工作票的有效期与延期	（1）配电工作票的有效期，以批准的检修时间为限。批准的检修时间为调度控制中心或设备运维管理单位批准的开工至完工时间。 （2）办理工作票延期手续，应在工作票的有效期内，由工作负责人向工作许可人提出申请，得到同意后分别将批准延长的期限、批准人姓名及本人姓名填入相应栏，工作票只能延期一次		
19	工作票终结	（1）工作完工后，应清扫整理现场，工作负责人（包括小组负责人）应检查工作地段的状况，确认工作的配电设备和配电线路的杆塔、导线、绝缘子及其他辅助设备上没有遗留个人保安线和其他工具、材料，查明全部工作人员确由线路、设备上撤离后，再命令拆除由工作班自行装设的接地线等安全措施。 （2）工作终结：①工作负责人姓名，某线路上某处（说明起止杆塔号、分支线名称等）工作已经完工，设备改动情况，工作地点所挂的接地线、个人保安线已全部拆除，线路上已无本班组工作人员和遗留物，可以送电；②工作终结报告。采用当面报告或电话报告的方式，并经复诵无误后，由工作许可人和工作负责人在对应栏签名。电话报告可由工作负责人代替工作许可人签字		
20	工作票的保存	已终结的工作票（含工作任务单）、故障紧急抢修单、现场勘察记录至少应保存1年		

2. 本模块所使用的工作票工作任务单示例

（1）现场勘察记录填写示例见表2-1-3，附图中红色表示带电部分，黑色表示停电部分。蓝色字部分为手工填写。

表2-1-3　　现场勘察记录

勘察单位 ×××供电公司　　部门（或班组）××供电所运维检修班　　编号20140823-001

勘察负责人 赵×文　　勘察人员 张×翔、王×新、赵×、冯×亮、朱×林、肖×力

勘察的线路名称或设备双重名称（多回应注明双重称号及方位）：

①10kV云隆线＃3杆至＃17杆；②10kV云西线石盘支线＃1杆至石盘支线＃1杆石盘配变供出220/380V线路＃1杆至＃4杆。

工作任务［工作地点（地段）和工作内容］ ①更换10kV云隆线＃3杆至＃6杆之间的金具、绝缘子，将＃3杆至＃6杆之间的原10kV云隆线LGJ-120导线更换为LGJ-240导线3挡，共计210m；②10kV云隆线＃7杆至＃16杆之间清扫绝缘子，检查处理杆上缺陷设备。

现场勘察内容：

1. 工作地点需要停电的范围：
（1）10kV云隆线全线停电。
（2）10kV云西线石盘支线＃1杆石盘配变停电。

续表

2. 保留的带电部位： （1）10kV 云隆线＃17 杆 10kV 八隆线侧刀闸静触头带电。 （2）10kV 云西线石盘支线＃1 杆石盘配变熔断器静触头带电。 ……
3. 作业现场的条件、环境及其他危险点［应注明：交叉、邻近（同杆塔、并行）电力线路；多电源、自发电情况；地下管网沟道及其他影响施工作业的设施情况］： （1）作业现场属丘陵地区，交通便利，适合施工条件。 （2）10kV 云隆线＃3 杆至＃4 杆之间的下跨 10kV 云西线石盘支线＃1 杆石盘配变供出 220/380V 线路。 ……
4. 应采取的安全措施（应注明：接地线、绝缘隔板、遮栏、围栏、标示牌等装设位置）： （1）在 10kV 云隆线＃2 杆大号侧、＃7 杆支路侧（桃子园支线）、＃12 杆支路侧（酿造厂支线）、＃16 杆大号侧验电装设接地线各一组。 （2）在 10kV 云隆线＃4 杆至＃5 杆之间公路的两端各设置“电力施工、车辆慢行”标示牌一块。 ……
5. 附图与说明 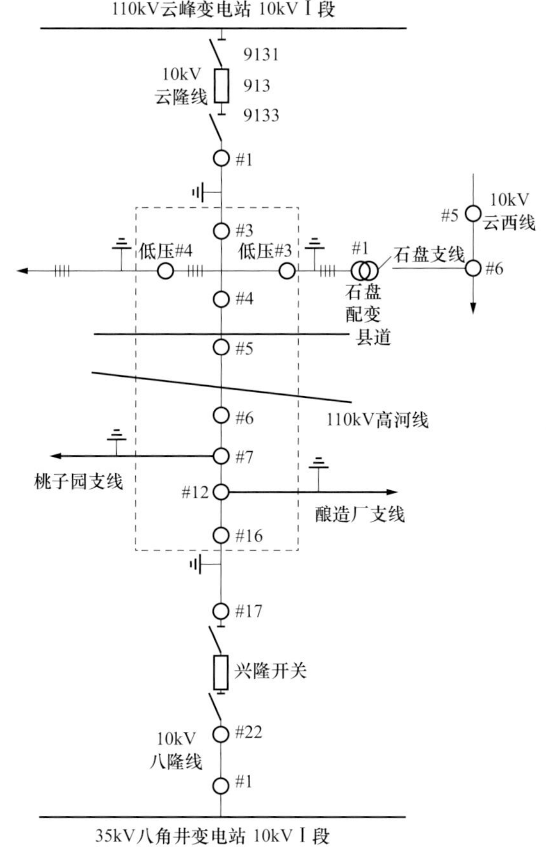

记录人：冯×亮　　　　　　　　　　　　　　　　勘察日期：2014 年08 月23 日17 时

（2）配电第一种工作票填写如表 2-1-4 所示。蓝色字部分为现场手工填写。

表 2-1-4　　　　　　　　配电第一种工作票

单位　×××供电公司　　　　　　　　　　　　编号　20140826-001

1. 工作负责人　赵×文　　　　　　　　　　　　班组　××供电所运维检修班

2. 工作班成员（不包括工作负责人）：张×翔、李×宏、王×新、赵×、冯×亮、朱×林、陈×宁、姚×常、李×飞、肖×力（含民工肖×等 19 人）共39 人。

3. 工作任务

工作地点或设备［注明变（配）电站、线路名称、设备双重名称及起止杆号］	工作内容
10kV 云隆线＃3 杆至＃6 杆	更换＃3 杆至＃6 杆金具、绝缘子，将＃3 杆至＃6 杆之间的原 LGJ-120 导线更换为 LGJ-240 导线 3 挡，共计 210m
10kV 云隆线＃7 杆至＃16 杆	清扫绝缘子、检查处理杆上缺陷设备

4. 计划工作时间：自2014 年08 月26 日07 时30 分至2014 年08 月26 日18 时00 分

5. 安全措施［应改为检修状态的线路、设备名称，应断开的断路器（开关）、隔离开关（刀闸）、熔断器，应合上的接地开关，应装设的接地线、绝缘隔板、遮栏（围栏）和标示牌等，装设的接地线应明确具体位置，必要时可附页绘图说明］

5.1 调控或运维人员（变配电站、发电厂）应采取的安全措施	已执行
核实 10kV 云隆线＃17 杆兴隆开关及两侧刀闸在断开位置	√
1. 拉开云峰变电站 10kV 云隆线＃913 断路器（开关）	√
2. 拉开云峰变电站 10kV 云隆线 9131 隔离开关（刀闸）	√
3. 拉开云峰变电站 10kV 云隆线 9133 隔离开关（刀闸）	√
4. 合上云峰变电站 10kV 云隆线 9133 隔离开关（刀闸）、出线侧合接地开关＃91360	√

5.2 工作班完成的安全措施	已执行
1. 10kV 云隆线＃5 杆设置好围栏	√
2. 10kV 云隆线＃4 杆至＃5 杆之间跨越县道处，在公路两端前后 200m 处各设置“电力施工、车辆慢行”标示牌一块	√
3. 10kV 云隆线＃5 杆大号侧、＃6 杆小号侧装设个人保安线各一组	√
4. 10kV 云隆线＃17 杆悬挂“止步，高压危险”标示牌一块	√

5.3 工作班装设（或拆除）的接地线			
线路名称或设备双重名称和装设位置	接地线编号	装设时间	拆除时间
10kV 云隆线＃2 杆大号侧	10kV 接地线 01 号	2014 年 8 月 26 日 07 时 45 分	2014 年 8 月 26 日 18 时 30 分
10kV 云隆线＃7 杆支路（桃子园支线）侧	10kV 接地线 02 号	2014 年 8 月 26 日 07 时 48 分	2014 年 8 月 26 日 18 时 28 分
10kV 云隆线＃12 杆支路（酿造厂支线）侧	10kV 接地线 03 号	2014 年 8 月 26 日 07 时 50 分	2014 年 8 月 26 日 18 时 36 分
10kV 云隆线＃16 杆大号侧	10kV 接地线 04 号	2014 年 8 月 26 日 07 时 53 分	2014 年 8 月 26 日 18 时 34 分
10kV 云西线石盘支线＃1 杆石盘配变供出低压＃3 杆小号侧	0.4kV 接地线 01 号	2014 年 8 月 26 日 07 时 50 分	2014 年 8 月 26 日 18 时 30 分
10kV 云西线石盘支线＃1 杆石盘配变供出低压＃4 杆大号侧	0.4kV 接地线 02 号	2014 年 8 月 26 日 07 时 56 分	2014 年 8 月 26 日 17 时 35 分

5.4 配合停电线路应采取的安全措施	已执行
1. 拉开10kV云西线石盘支线#1杆石盘配变熔断器一组	√
2. 在10kV云西线石盘支线#1杆石盘配变熔断器熔管上悬挂“禁止合闸，线路有人工作”标示牌一块	√

5.5 保留或邻近的带电线路、设备

①10kV云隆线#17杆10kV八隆线侧刀闸静触头带电；②10kV云西线石盘支线#1杆石盘配变熔断器静触头带电；③10kV云隆线#5杆至#6杆之间上跨的110kV高河线带电。

5.6 其他安全措施和注意事项

①工作人员上杆前必须核对线路名称及杆号，防止误登杆；特别是10kV云隆线#16杆与#17杆距离较近，#17杆带电，工作人员到达现场后应在#17杆悬挂“止步，高压危险”标示牌一块，现场设专责监护人，全程监护工作人员在#16杆工作；②工作人员上下杆过程中应注意安全，杆上工作安全带和保护绳应分挂在杆上不同部位的牢固构件上；③杆上移位时，不得失去安全绳（带）的保护，工具材料传递应使用绳索，防止坠物伤人；④撤线、放线和紧线时应设专人统一指挥，工作人员要明确分工，密切配合，服从指挥；⑤10kV云隆线#3杆至#5杆之间展放导线时，采用滑车放线，以免损伤跨越的低压导线，保证车辆的正常行驶；⑥10kV云隆线#5杆至#6杆之间撤线和紧线时采取好安全措施，防止导线反弹；设专责监护人对工作过程全程进行监护；⑦导线搭头时工作人员清好相序，小组负责人负责核实。

工作票签发人签名 王×洪　　2014年08月25日11时20分

工作负责人签名 赵×文　　2014年08月25日11时22分

5.7 其他安全措施和注意事项补充（由工作负责人或工作许可人填写）

10kV云隆线#4杆至#5杆之间跨越县道一处，施工前与交管部门协调，请其派人协助交通管理；派专人手持红绿旗看守公路两端。

6. 工作许可

许可的线路或设备	许可方式	工作许可人	工作负责人签名	许可工作的时间
10kV云隆线	电话许可	刘×宁	赵×文	2014年08月26日07时35分
10kV云西线石盘支线#1杆石盘配变供出低压	当面许可	林×均	赵×文	2014年08月26日07时50分

7. 工作任务单登记

工作任务单编号	工作任务	小组负责人	工作许可时间	工作结束报告时间
001-02-01	（1）更换10kV云隆线#3杆至#6杆金具、绝缘子。 （2）将#3杆至#6杆之间的原LGJ-120导线更换为LGJ-240导线3挡，共计210m。 （3）负责#3杆至#6杆之间跨越施工； （4）负责10kV云西线石盘支线#1杆石盘配变的停送电操作	冯×亮	2014年8月26日07时57分	2014年8月26日18时20分
001-02-02	清扫绝缘子、检查处理杆上缺陷设备	王×新	2014年8月26日07时57分	2014年8月26日17时20分

8. 现场交底，工作班成员确认工作负责人布置的工作任务、人员分工、安全措施和注意事项并签名：

冯×亮、卢×伟、朱×林、陈×宁、姚×常、李×飞、王×、陈×武、邓×楠、赖×波、张×龙、肖×力、王×新、李×宏、张×明、赵×刚、李×雄、黄×俊、李×亮

9. 人员变更

9.1 工作负责人变动情况：原工作负责人赵×文离去，变更兰×龙为工作负责人。

工作票签发人签名 王×洪　　2014年 08月 26日13时 16分

原工作负责人签名确认　赵×文　　　　新工作负责人签名确认　兰×龙　　2014 年　08 月　26 日13 时22 分

9.2　工作人员变动情况

新增人员	姓名	陈×贵	钱×飞			
	变更时间	12 时 59 分	12 时 59 分			
离开人员	姓名	詹×阳				
	变更时间	13 时 10 分				

工作负责人签名赵×文

10. 工作票延期：有效期延长到2014 年　08 月　26 日　19 时　00　分

工作负责人签名　兰×龙　　　　　　2014 年　08 月　26 日15 时56 分

工作许可人签名　刘×宁　　　　　　2014 年　08 月　26 日15 时58 分

11. 每日开工和收工记录（使用一天的工作票不必填写）

收工时间	工作负责人	工作许可人	开工时间	工作许可人	工作负责人

12. 工作终结

12.1　工作班现场所装设接地线共6 组、个人保安线共2 组已全部拆除，工作班人员已全部撤离现场，材料工具已清理完毕，杆塔、设备上已无遗留物。

12.2　工作终结报告

终结的线路或设备	报告方式	工作负责人	工作许可人	终结报告时间
10kV 云隆线	电话报告	兰×龙	刘×宁	2014 年 08 月 26 日 18 时 40 分
10kV 云西线石盘支线＃1 杆石盘配变供出低压	当面报告	兰×龙	林×军	2014 年 08 月 26 日 18 时 42 分

13.　备注

13.1　指定专责监护人　张亮×　负责监护①10kV 云隆线＃5 杆大号侧、＃6 杆小号侧正确使用个人保安接地线；②10kV 云隆线＃5 杆至＃6 杆之间撤线和紧线时采取好安全措施，防止导线反弹。（地点及具体工作）

专责监护人签名：　张亮×

指定专责监护人　李×亮　负责监护10kV 云隆线＃16 杆工作人员到达现场后在＃17 杆悬挂“止步，高压危险”标示牌，全程监护工作人员在＃16 杆工作。（地点及具体工作）

专责监护人签名：　李×亮

13.2　其他事项：登杆前检查项目：①检查杆根、杆基、杆身、拉线；②检查登杆工器具、个人工器具、安全带、材料；③核对线路名称、编号；④杆上作业注意事项：杆塔上移位是，不得失去安全绳（带）的保护，工具材料传递应使用绳索，防止坠物伤人。

（3）配电工作任务单填写如表 2-1-5 所示。蓝色字部分为工作过程中根据实际情况手工填写。

表 2-1-5　　配电工作任务单

单位　×××供电公司　　　　工作票编号　20140826-001　　　编号　001-02-01

1. 工作负责人姓名　赵×文

2. 小组负责人姓名　冯×亮　　　　　　小组名称　第一小组

小组人员（不含小组负责人）卢×伟、朱×林、陈×宁、姚×常、李×飞、王×、陈×武、邓×楠、赖×波、张×龙、肖×力（含民工肖×等 14 人）共　26　人

3. 工作任务

工作地点或地段（注明线路名称或设备双重名称、起止杆号）	工作内容及人员分工	专职监护人
10kV云隆线＃3杆至＃6杆、10kV云西线石盘支线＃1杆石盘配变供出低压＃3杆、＃4杆	10kV更换10kV云隆线＃3杆至＃6杆之间的金具、绝缘子，将＃3杆至＃6杆之间的原××导线更换为××导线3挡，共计210m；负责废旧材料回收。	
	卢×伟、朱×林：＃3杆工作。验电装设接地线一组，更换耐张横担一套、小号侧拉线一根。撤除旧导线，新导线做固定终端，塔头时清好相序。（民工2人）	王×
	李×飞：＃4杆工作。更换直线横担一套，安装滑轮展放导线，紧线后绑扎导线。（民工2人）	赖×波
	姚×常：＃5杆工作。更换直线横担一套，安装滑轮展放导线，紧线后绑扎导线。（民工2人）	邓×楠
	肖×力、陈×宁：＃6杆工作。更换耐张横担一套、大号侧拉线一根，撤除旧导线，新导线做紧线终端，塔头时清好相序。（民工5人） 陈×武：负责10kV云隆线＃3杆至＃6杆之间跨越施工。负责10kV云西线石盘支线＃1杆石盘配变停、送电操作，验电装设接地线二组。采用滑车放线，以免损伤跨越的低压导线，保证车辆的正常行驶，使用红绿旗看守公路。＃5杆至＃6杆之间撤线和紧线时采取好安全措施，防止导线反弹。（民工3人）	张亮×
	陈×武：负责10kV云隆线＃3杆至＃6杆之间跨越施工。负责10kV云西线石盘支线＃1杆石盘配变停、送电操作，验电装设接地线二组。采用滑车放线，以免损伤跨越的低压导线，保证车辆的正常行驶，使用红绿旗看守公路。＃5杆至＃6杆之间撤线和紧线时采取好安全措施，防止导线反弹。（民工3人）	张×龙

4. 计划工作时间：自2014年08月26日07时30分至2014年08月26日18时00分。

5. 工作地段采取的安全措施

5.1 应装设的接地线

应装设的接地线的位置	10kV云隆线＃3杆小号侧	10kV云西线石盘支线＃1杆石盘配变供出低压＃3杆小号侧	10kV云西线石盘支线＃1杆石盘配变供出低压＃4杆大号侧

5.2 应装设的安全标示、遮栏（围栏）等

①10kV云西线石盘支线＃1杆石盘配变熔断器熔管上悬挂“禁止合闸，线路有人工作”标示牌一块；②在10kV云隆线＃4杆至＃5杆之间公路两端各设置“电力施工、车辆慢行”标示牌一块；③10kV云隆线＃5杆设置好围栏。

6. 其他危险点预控措施和注意事项（必要时可附页绘图说明）

工作人员上杆前必须核对线路名称及杆号，防止误登杆；特别是10kV云隆线＃16杆与带电的＃17杆距离较近，＃16杆工作人员到达现场后应在＃17杆悬挂“止步，高压危险”标示牌一块，现场设专责监护人，全程监护＃16杆工作人员的工作。工作人员上下杆过程中应注意安全，特别是临近工作结束前，杆上工作人员由于思想松懈和体力的大量消耗，更容易发生高空坠落，安全带和保护绳应分挂在杆上不同部位的牢固构件上；杆上移位时，不得失去安全绳（带）的保护，工具材料传递使用绳索，防止坠物伤人。撤线、放线和紧线时应设专人统一指挥，开工前应讲明施工方法，工作人员要明确分工，密切配合，服从指挥。10kV云隆线＃3杆至＃5杆之间展放导线时，采用滑车放线，以免损伤跨越的低压导线，保证车辆的正常行驶；10kV云隆线＃5大号侧、＃6杆小号侧装设个人保安线各一组。＃5杆至＃6杆之间撤线和紧线时采取好安全措施，防止导线反弹；设专责监护人对工作过程全程进行监护。导线搭头后，小组负责人负责核实。

工作任务单签发人签名 赵×文　　2014年08月26日07时08分

小组负责人签名 冯×亮　　2014年08月26日07时09分

7. 工作小组成员确认工作负责人布置的工作任务、人员分工、安全措施和注意事项并签名

卢×伟、朱×林、陈×宁、姚×常、李×飞、王×、陈×武、邓×楠、赖×波、张×龙、肖×力、张亮×；唐利×、钟×德、雷峰×、曾能×、张学×、秦×顺、薛成×、黄×辉、郭超×、陈文×、陈×树、伍元×、毛德×、吕洪×

工作许可时间2014年08月26日07时57分　　工作负责人签名　兰×龙

小组负责人签名　冯×亮

8. 工作任务单结束

8.1　小组工作于2014年08月26日18时18分结束，现场临时安全措施已拆除，材料、工具已清理完毕，小组人员已全部撤离。

8.2　小组工作结束报告

线路或设备	报告方式	工作负责人	小组负责人签名	工作结束报告时间
10kV云隆线	当面报告	赵×文	冯×亮	2014年08月26日18时20分

9. 备注：________

六、相关知识

1. 以下情况可使用一张配电第一种工作票

（1）一条配电线路（含线路上的设备及其分支线，下同）或同一个电气连接部分的几条配电线路或同（联）杆塔架设、同沟（槽）敷设且同时停送电的几条配电线路。

（2）不同配电线路经改造形成同一电气连接部分，且同时停送电者。

（3）同一高压配电站、开闭所内，全部停电或属于同一电压等级、同时停送电、工作中不会触及带电导体的几个电气连接部分上的工作。

（4）配电变压器及与其连接的高低压配电线路、设备上同时停送电的工作。

（5）同一天在几处同类型高压配电站、开闭所、箱式变电站、柱上变压器等配电设备上依次进行的同类型停电工作。

（6）同一张工作票多点工作，工作票上的工作地点、线路名称、设备双重名称、工作任务、安全措施应填写完整。不同工作地点的工作应分栏填写。

2. 一个工作负责人不能同时执行多张工作票。若一张工作票下设多个小组工作，工作负责人应指定每个小组的小组负责人（监护人），并使用工作任务单工作任务单应一式两份，由工作票签发人或工作负责人签发。工作任务单由工作负责人许可，一份由工作负责人留存，一份交小组负责人。工作结束后，由小组负责人向工作负责人办理工作结束手续。

3. 需要进入变电站或发电厂升压站进行架空线路、电缆等工作，应增填工作票份数（按许可单位确定数量），分别经变电站或发电厂等设备运维管理单位的工作许可人许可，并留存。检修（施工）单位的工作票签发人和工作负责人名单应事先送设备运维管理单位备案。

4. 配电第一种工作票，应在工作前一天送达设备运维管理单位（包括信息系统送达）；通过传真送达的工作票，其工作许可手续应待正式工作票送到后履行。

5. 工作票所列人员的安全责任见表2-1-6。

表2-1-6　　工作票所列人员的安全责任

所列人员	安全责任
工作票签发人	（1）确认工作必要性和安全性。 （2）确认工作票上所列安全措施正确完备。 （3）确认所派工作负责人和工作班成员适当、充足

续表

所列人员	安全责任
工作负责人	（1）检查工作票所列安全措施是否正确完备，是否符合现场实际条件，必要时予以补充完善。 （2）工作前，对工作班成员进行工作任务、安全措施交底和危险点告知，并确认每个工作班成员都已签名。 （3）组织执行工作票所列由其负责的安全措施。 （4）监督工作班成员遵守本规程、正确使用劳动防护用品和安全工器具以及执行现场安全措施。 （5）关注工作班成员身体状况和精神状态是否出现异常迹象，人员变动是否合适
工作许可人	（1）审票时，确认工作票所列安全措施是否正确完备，对工作票所列内容发生疑问时，应向工作票签发人询问清楚，必要时予以补充。 （2）保证由其负责的停、送电和许可工作的命令正确。 （3）确认由其负责的安全措施正确实施
专责监护人	（1）明确被监护人员和监护范围。 （2）工作前，对被监护人员交代监护范围内的安全措施、告知危险点和安全注意事项。 （3）监督被监护人员遵守本规程和执行现场安全措施，及时纠正被监护人员的不安全行为
工作班成员	（1）熟悉工作内容、工作流程，掌握安全措施，明确工作中的危险点，并在工作票上履行交底签名确认手续。 （2）服从工作负责人（监护人）、专责监护人的指挥，严格遵守本规程和劳动纪律，在指定的作业范围内工作，对自己在工作中的行为负责，互相关心工作安全。 （3）正确使用施工机具、安全工器具和劳动防护用品

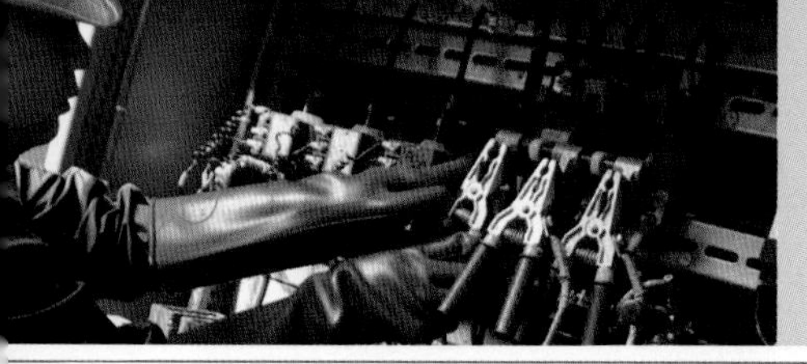

模块 2 总配电装置缺陷或故障处理

一、作业任务

查找并排除带电运行的总配电装置上模拟设置的实际运行中可能出现的 7 个典型故障包括照明回路隐蔽或漏电开关拒合故障 1 个、电压测量回路隐蔽或断线故障 1 个、三相计量回路一般和隐蔽窃电故障 2 个、处理电动机Y/△启动回路隐蔽故障 2 个、电容器补偿回路装置设置错误或输出回路隐蔽故障 1 个。

二、引用文件

（1）《电能计量装置安装接线规则》（DL/T 825—2002）。

（2）《剩余电流动作保护装置安装和运行》（GB 13955—2005）。

（3）《国家电网公司生产技能人员职业能力培训规范 第 33 部分农网配电》（Q/GDW 232.33—2008）。

（4）《国家电网公司电力安全工作规程（配电部分）（试行）》（国家电网安质〔2014〕265 号）。

（5）《农村低压电力技术规程》（DL/T 499—2001）。

（6）《农村电网低压电气安全工作规程》（DL/T 477—2010）。

（7）《农村低压安全用电规程》（DL 493—2015）。

（8）《配电网运行规程》（Q/GDW 519—2010）。

三、天气及作业现场要求

（1）根据现场实际情况，观测总配电装置的缺陷或故障现象，参考所给电气原理图，对故障部位进行正确地分析判断，并按《电力安全工作规程》的要求，正确、安全、规范的进行倒闸操作，在规定的时间内独立查找和处理总配电装置或故障。

（2）在低压配电实训室进行。

四、作业前准备

1. 危险点及预控措施

危险点：触电伤害。

预控措施：①验电过程中设置专人监护；②查找故障或处理缺陷时，注意与总配电装置带电部位保持足够的安全距离，0.4kV 线路以不接触带电体为准，并严防相间短路；③使用合格的安全工器具；④应使用相应电压等级、合格的接触式低压验电器逐相验电；⑤验明配电装置确无电压后立即装设接地线，装设接地线应先接接地端，后接导线端，且接触良好、连接可靠；⑥接地线应使用专用的线夹固定在导体上，严禁用缠绕的方法进行接地或短路。

2. 工器具及材料选择

总配电装置缺陷或故障处理所需工器具见表 2-2-1。

表 2-2-1　　总配电装置缺陷或故障处理所需工器具

序　号	名　称	规　格	单位	数　量	备　注
1	低压接地线	380V	副	1	
2	绝缘手套		双	1	
3	钳形电流表		个	1	
4	万用表	500 型（或数字表）	个	1	
5	绝缘电阻表（兆欧表）	500V	个	1	
6	粘胶带		圈	1	
7	尖嘴钳	100 或 150mm	把	1	
8	低压验电笔	0.4kV	支	1	
9	十字螺丝刀	100 或 150mm	把	1	
	一字螺丝刀	100 或 150mm	把	1	
10	活络扳手	200mm，250mm	把	2	各 1 把
11	标识牌	“在此工作”，“禁止合闸，有人工作”	块	2	各 1 块

总配电装置缺陷或故障处理所需材料见表 2-2-2。

表 2-2-2　　总配电装置缺陷或故障处理所需材料

序　号	名　称	规　格	单　位	数　量	备　注
1	塑料绝缘铜芯线	BV/1.5mm^2，2.5mm^2	m	5	
2	熔断器	NT16/30A	支	2	
3	熔断器	RT19/4A	支	2	
4	白炽灯泡	220V/25W	个	1	
5	日光灯管	220V/6W	支	1	

3. 作业人员分工

本项目作业人员分工见表 2-2-3。

表 2-2-3　　总配电装置缺陷或故障处理人员分工

序号	工作岗位	数量（人）	工作职责
1	工作负责人兼安全监护	1	现场指挥、组织协调、安全监护
2	操作人员	1	故障查找与处理操作
3	辅助人员	1	辅助操作人员测量

五、作业程序

1. 操作流程

总配电装置缺陷或故障处理操作流程见表 2-2-4。

表 2-2-4　　总配电装置缺陷或故障处理操作流程

序号	作业内容	作业标准	安全注意事项	责任人
1	前期准备工作	（1）按规程要求正确使用劳动防护用品，穿戴规范。 （2）现场核对设备名称及编号	戴报警安全帽、劳保手套处理故障	
2	《工作票》《倒闸操作票》填写	（1）阿拉伯数字；大、小写英文字母；“拉”“合”等关键字及设备命名、调度编号和操作时间填写清楚无修改。 （2）安全措施正确完善，票面合格。 （3）操作步骤完善无跳项和漏项	（1）工作票签发人、工作负责人和工作许可人三者不得互相兼任。 （2）操作票一页中错字不得超过三个，一张操作票作废项不得超过三项，超过时应重新填写操作票	
3	工器具的选择与检查	（1）准备操作所需要的工器具和材料，本任务所需的工器具如图 2-2-1 所示。 （2）检查工具包、尖嘴钳、剥线钳、活络扳手等外观完好。 （3）仪表：万用表和钳形电流表外观完好，检验合格并在有效期内，并调整机械零位和电气零位。 （4）绝缘手套：绝缘手套外观良好，表面无脏污和划痕。用手将绝缘手套指拽紧，检查绝缘橡胶无老化粘连，如发现有发黏、裂纹、破口（漏气）、气泡、发脆等损坏时禁止使用。 （5）低压验电笔：验电笔应外观良好，并在带电设备上试验确认验电笔完好。 （6）接地线：护套线外观、规格及各连接点完好，检验合格并在有效期内。接地线绝缘杆外表无脏污、无划伤，绝缘漆无脱落。检查接地线的软铜线无断股断头，外护套完好，各部分连接处螺栓紧固无松动，线钩的弹力正常，不符合要求应及时调换或修好后再使用。 （7）登高板应外观良好，冲击试验无异常。 （8）安全带检查：①使用安全带前应进行外观检查：检查组件完整、无短缺、无伤残破损；检查绳索、编带无脆裂、断股或扭结；检查金属配件无裂纹、焊接无缺陷、无严重锈蚀；②检查挂钩的钩舌咬口平整不错位，保险装置完整可靠；③检查安全带安全钩环齐全、安全带闭锁装置完好可靠、各铆钉牢固无脱落；④检查铆钉无明显偏位，表面平整；⑤检查安全带有无试验合格证，是否在有效试验合格期内	工器具外观检查合格，无损伤、变形现象；表计应有检验合格证并在有效期内	
4	送电观察总配电装置故障现象	低压配电屏型号很多，本模块使用的总配电屏的电气原理图如图 2-2-2 所示		
5	观察故障类型 1：照明回路隐蔽或漏电开关拒合故障 1 个	（1）先合上电源侧隔离开关 QS1，后合上负荷侧总断路器 QF1，分路断路器 QF2 和 QF3，再合分路隔离开关 QS2 和漏电断路器 QF4。 （2）最后合上白炽灯开关 K1，观察白炽灯是否正常发光。 （3）合上日光灯开关 K2，观察日光灯是否正常发光。 （4）在记录本（或电气原理图空白处）记录故障类型 1 的故障现象： 1）漏电断路器 QF4 拒合。 2）白炽灯不亮，日光灯亮。 3）日光灯不亮，白炽灯亮。 4）白炽灯、日光灯均不亮	分、合隔离开关时，断路器必须在断开位置	

续表

序号	作业内容	作业标准	安全注意事项	责任人
6	观察故障类型2：电压测量回路隐蔽或断线故障1个	将转换开关CK分别拨动至AB、BC、CA位置。观察记录电压测量回路故障现象： （1）当拨动至AB电压正常，BC、CA位置无电压时，则C相开路。 （2）当拨动至BC电压正常，AB、CA位置无电压时，则A相开路。 （3）当拨动至CA电压正常，AB、BC位置无电压时，则B相开路。 （4）转换开关CK分别拨动至AB、BC、CA位置，电压表V均无电压指示。 ……	观察故障现象时禁止带电查找故障	
7	观察故障类型3：三相计量回路一般和隐蔽窃电故障2个	观察、检测、记录三相计量回路故障现象： （1）用万用表交流电压500V挡分别检测电压回路A630、B630、C630有无电压。 （2）观察电压回路相序（黄、绿、红）是否与电流回路相序一致。 （3）启动电动机或投入补偿电容，观察有、无功电能表是否运转正常；用钳形电流表检测电流回路是否短路或极性接反。 ……		
8	观察故障类型4：电动机Y/△起动回路隐蔽、少接线或错接线故障2个	观察记录电动机Y/△启动回路故障现象： （1）按下Y形启动按钮SB2，电动机不起动。 （2）按下Y形启动按钮SB2，电动机只能点动。 （3）按下△形启动按钮SB3，电动机不能全压运行。 （4）按下△形启动按钮电动机能能全压运行，松开3SB电动机又回到Y形运转。 （5）按下停止按钮SB1，不能使电动机停止运行。 （6）停电指示灯或Y形运转指示灯或△运转指示灯不亮。 （7）停电指示灯或Y形运转指示灯或△运转指示灯不对应。 ……		
9	观察故障类型5：电容器补偿回路装置设置错误或输出回路隐蔽故障1个	将自动控制器JKW设置到手动位置，逐一投入补偿电容器组，观察记录电容器补偿回路故障现象： （1）补偿电容器组只能投入一组或两组。 （2）补偿电容器组均不能正常投入。 （3）补偿电容器组投入至某一组时，某相电流表指示不正常。 （4）补偿电容器组投入某一组后指示灯不亮或指示不对应。 ……		
10	停电操作	先断开负荷侧分开关，后断开负荷侧总开关，再断（拉）开电源侧总开关（隔离开关）	严禁带负荷拉开隔离开关	
11	验电	（1）选择电压等级合适的验电笔。 （2）先在有电导体上验证验电笔完好正常。 （3）在已停电隔离开关动触头的各相分别进行验电。如图2-2-5所示	（1）严禁戴劳保手套持验电笔在低压线路或设备上验电。 （2）验电时，持验电笔的手一定要触及金属片部分	

续表

序号	作业内容	作业标准	安全注意事项	责任人
12	装设接地线	在已验电的隔离开关动触头挂接地线时，应先装接地端，后挂导体端。如图 2-2-6 所示	（1）接地线应使用专用的线夹固定在导体上，禁止用缠绕的方法进行接地或短路。 （2）装设接地线时，应戴缘绝手套，穿绝缘靴或站在绝缘垫上，人体不得碰触接地线或未接地的导线，以防止感应电触电。 （3）严禁带电挂接地线	
13	悬挂标示牌	（1）在隔离开关 QS1 旋转把手柄上，悬挂“禁止合闸，有人工作”标示牌。 （2）在工作地点处设置“在此工作”标示牌，标示牌正面应面向工作通道。如图 2-2-7 所示		
14	查找故障类型 1：照明回路故障部位	（1）漏电断路器 QF4 输出零线 N′有金属接地。 （2）开关 K1 坏；2 号线或 N′线开路，白炽灯坏。 （3）开关 K2 坏；3 号线或 N′线开路，日光灯管坏。 （4）隔离开关 QS2，单相电能表 Wh1，漏电断路器 QF4，相线 1，零线 N′开路		恢复连接各故障点，更换损坏元件
15	查找故障类型 2：电压测量回路故障部位	（1）C 相熔断器 5FU3 开路；X23、C611，转换开关 CK 的⑨⑩⑪⑫接点或连接导线开路；如图 2-2-8、图 2-2-9 所示。 （2）A 相熔断器 5FU1 开路；X21、A611，转换开关 CK 的①②③④接点或连接导线开路。 （3）B 相熔断器 5FU2 开路；X22、B611，转换开关 CK 的⑤⑥⑦⑧接点或连接导线开路。 （4）导线 612、613 开路或电压表 V 坏	检测时严禁随意摇动二次接线	恢复或连接各故障点，更换损坏元件
16	查找故障类型 3：三相计量回路部位	（1）用万用表电阻 R×1K 挡分别检测 A630、B630、C630 电压线是否断线；多功能接线盒中电压连片有一相或两相断开；如图 2-2-9 所示。 （2）调整电压回路相序（黄、绿、红）保持与电流回路相序一致性。 （3）电流回路 A421，B421，C421 有一相或两相短路；多功能接线盒中电流连片有一相或两相短路；电流回路 A、B、C 其中一相或两相极性反接	（1）严禁电压回路短路。 （2）电流回路开路	恢复或连接各故障点
17	查找故障类型 4：电动机Y/△起动回路故障部位	（1）主回路熔断器 FU10 熔断，热继电器常闭辅助接点 FR 断开，KM1 线圈损坏，停止按钮 SB1 开路，控制导线 01，03，05，07，零线 N 有开路点。 （2）主回路自锁辅助接点 1KM1 接触不良，控制导线 03，05 开路。 （3）△形起动回路 KM2 线圈损坏，互锁辅助接点 3KM1 开路，控制导线 05，09 开路，SB3 动合接点不到位。 （4）△形起动自锁辅助接点 2KM1 接触不良；控制导线 05，09 开路。 （5）主回路控制导线 03 错接到 01 位置。 （6）停电指示回路常闭辅助接点 1KM2、3KM2 开路，01，17，19，N 线开路；Y形运转指示回路常开辅助接点 3KM3 接触不良，01，21，N 线开路；△形运转指示灯回路常开辅助接点 2KM3 接触不良，01，23，N 线开路。 （7）19，21，23 导线错接	（1）严禁将电动机绕组头尾接错而烧毁电动机。 （2）查找过程中严禁随意添加或移动二次接线	恢复或连接各故障点，更换损坏元件

续表

序号	作业内容	作业标准	安全注意事项	责任人
18	查找故障类型5：电容器补偿回路故障部位	（1）自动控制器111，115或119线开路。 （2）自动控制器过电压，欠电压，功率因素等的定值设置错误，采样电流互感器3LHa极性接反。 （3）补偿电容器组的熔断器一相或两相熔断，交流接触器主触头接触不良，用万用表电阻R×1K挡分别检测熔芯，交流接触器主触头。 （4）指示灯损坏或指示灯接错线	注意电容器放电伤人	恢复设置，更换损坏元件
19	故障点标示	在图纸上相应位置准确标出故障点并说明故障原因		
20	拆除接地线	拆除接地线时先拆导体端，后拆接地端		
21	送电操作	先合上电源侧总开关或隔离开关，后合上负荷侧总开关或隔离开关（刀闸），再合分路开关	（1）严禁带负荷合隔离开关（刀闸）。 （2）严禁带接地线合开关或隔离开关（刀闸）	
22	核对故障处理状况	（1）合上白炽灯开关K1，观察白炽灯是否正常发光。 （2）合上日光灯开关K2，观察日光灯是否正常发光。 （3）将转换开关CK分别拨动至AB、BC、CA位置，观察三相电压是否正常。 （4）启动电动机或投入补偿电容，观察有、无功电能表是否运转正常。 （5）按下Y形起动按钮SB2，观察电动机是否能够起动。 （6）按下△形起动按钮SB3，观察电动机是否能够全压运行，指示灯指示是否正确。 （7）将自动控制器JKW设置到手动位置，逐一投入补偿电容器组，观察电容器是否能够正常投入，指示灯指示是否正确		
23	工作结束	清理现场，并将所用工器具清洁后整齐收好		

2. 本模块的主要操作示例图

（1）图2-2-1所示的为本模块所需要的工器具。

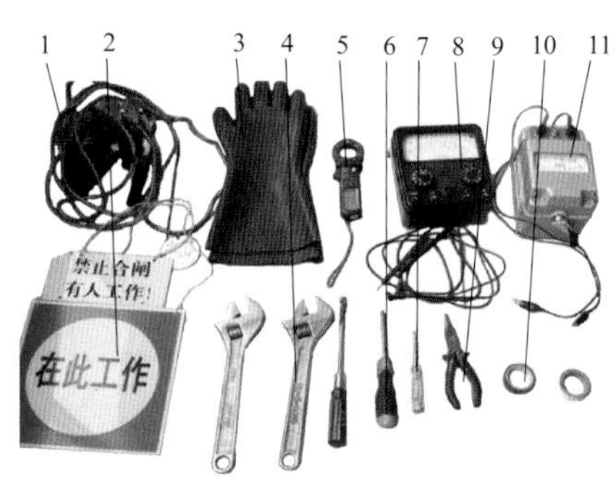

图2-2-1　配电装置缺陷或故障处理所需要的工器具

1—低压短路接地线；2—标示牌；3—绝缘手套；4—活络板手；5—钳形表；6—螺丝刀；7—低压验电笔；8—万用表；9—尖嘴钳；10—粘胶带；11—绝缘电阻表（兆欧表）

（2）图2-2-2所示为本模块所使用的总配电屏电气原理图。

（3）图2-2-3所示为低压配电屏面板，图2-2-4所示为低压配电屏内部结构。

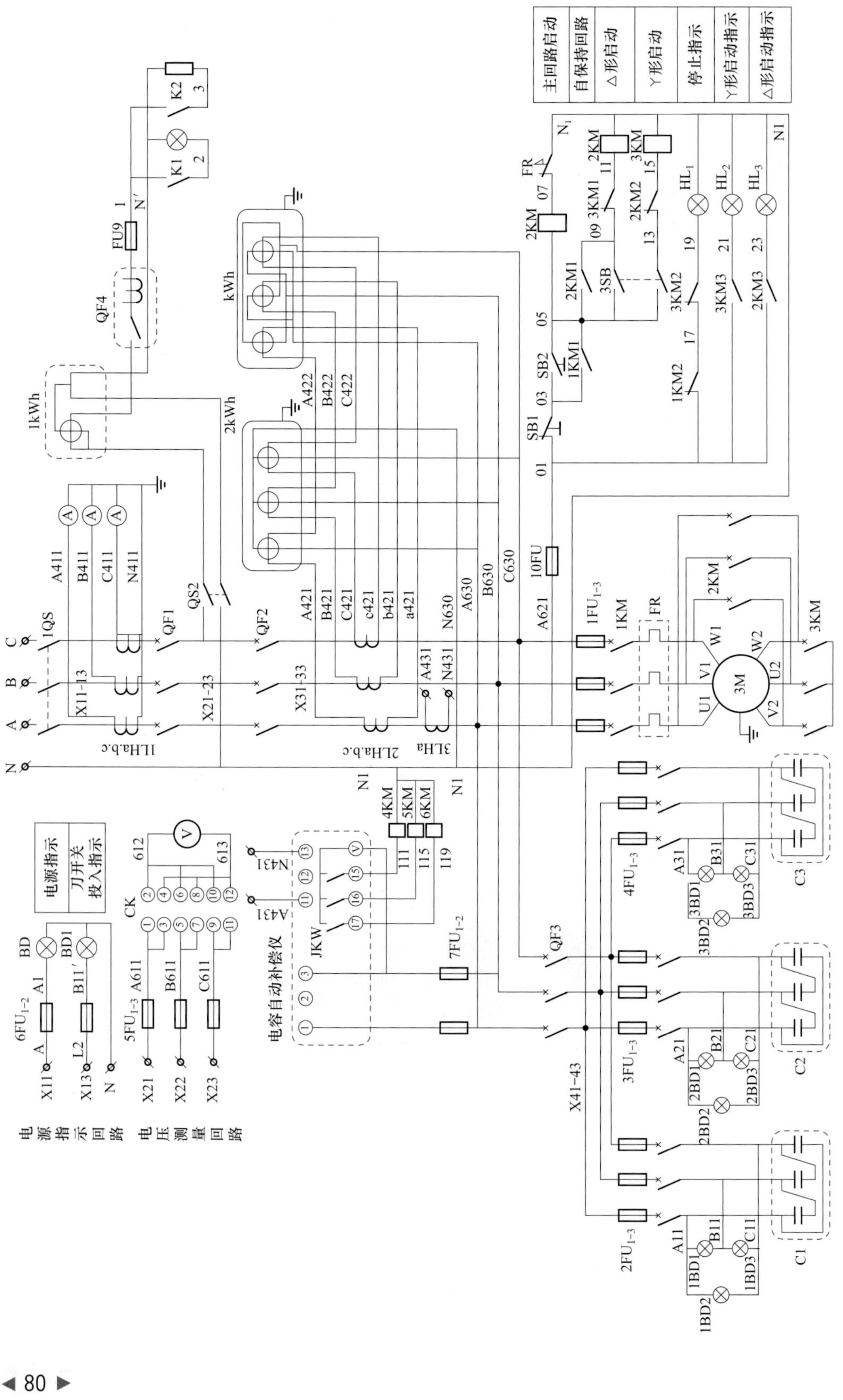

图2-2-2　总配电屏电气原理图

图 2-2-3　低压配电屏面板

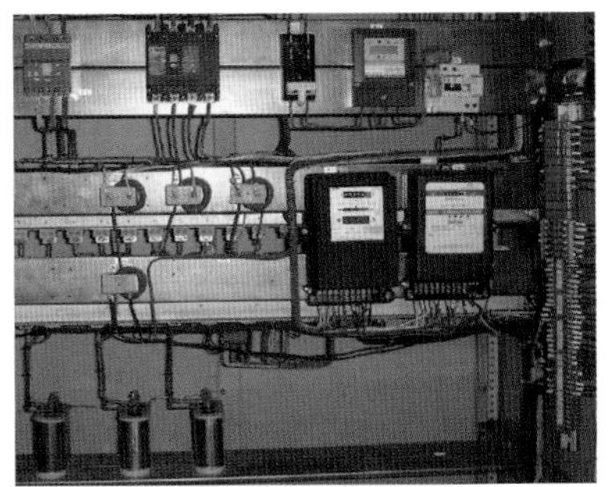

图 2-2-4　低压配电屏内部结构

（4）图 2-2-5 所示为用低压验电笔验电，图 2-2-6 所示为挂接地线。

图 2-2-5　用低压验电笔验电

图 2-2-6　挂接地线

（5）图 2-2-7 所示为悬挂标示牌，图 2-2-8 所示为转换开关结构原理图。

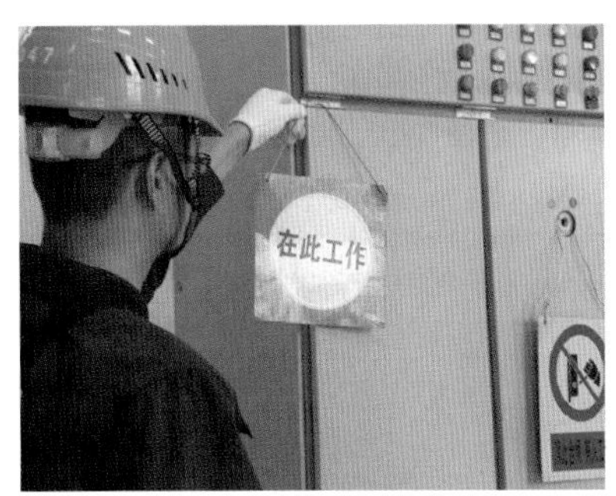

图 2-2-7　悬挂标示牌

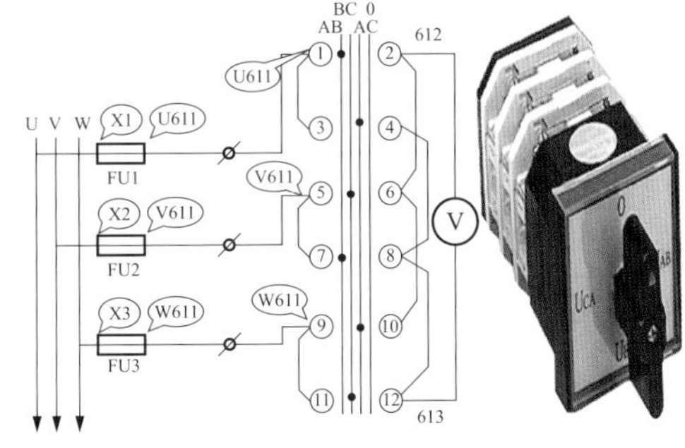

图 2-2-8　转换开关结构原理图

（6）图 2-2-9 所示为电压测量回路故障检测，图 2-2-10 所示为三相计量回路检测。

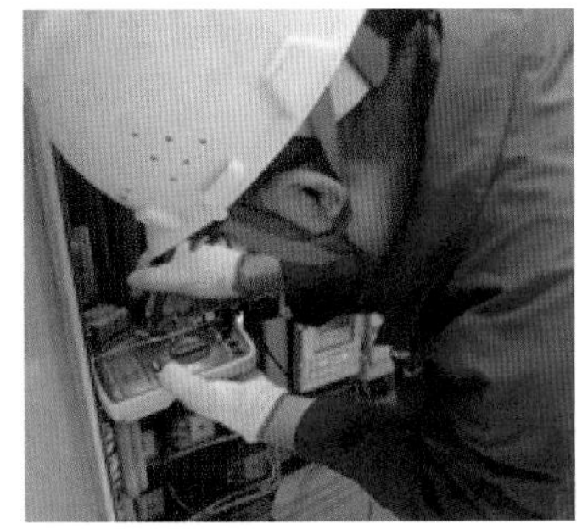

图 2-2-9　电压测量回路故障检测

图 2-2-10　三相计量回路检测

六、相关知识

1. 低压配电室工作票填写示例。蓝色字部分为工作过程中根据实际情况手工填写

低压配电室工作票

单位　国网××××××公司　　　　编号【低Ⅰ】　2014076800

1. 工作负责人（监护人）唐九如　　　　班组××××××班组

2. 工作班成员李进、王明　　　　共　2 人。

3. 工作任务

线路或设备名称	工作地点．范围	工作内容
资阳培训中心 103 号实训室。	0.4KV07 号低压配电屏	故障查找和排除

4. 计划工作时间自2014 年07 月29 日08 时00 分至2014 年07 月29 日09 时00 分

5. 安全措施（必要时可附页绘图说明）

5.1　工作的条件和应采取的安全措施（停电、接地、隔离和装设的安全遮栏、围栏、标示牌等）：

断开 0.22kV QF4 断路器，拉开 0.22kV QS1 隔离开关，断开 0.4kV QF3、QF2、QF1 断路器，拉开 0.4kV QS1 隔离开关，用合格的低压验电笔在 QS1 隔离开关下桩头逐相验明确无电压后，立即在 QS1 隔离开关下桩头挂低压 01 号接地线一组，在拉开的 QS1 隔离开关旋转操作手柄处挂“禁止合闸，有人工作”标示牌一块，在配电屏上挂“在此工作”标示牌一块。

5.2　保留的带电部位：×××公司 0.4kV ××号低压配电屏 QS 隔离开关上桩头带电。

5.3　其他安全措施注意事项：①×××公司 0.4kV 室××号低压配电屏 QS 隔离开关上桩头带电。防止触电伤害；②拉、合 QS 隔离开关和挂接地线时应戴绝缘手套。

6. 现场交底，工作班成员确认工作负责人布置的工作任务、人员分工，安全措施和注意事项并签名：

李进、王明

7. 工作开始时间：2014 年07 月29 日08 时15 分　工作负责人签名：唐九如

工作票延期：有效期延长到____年___月___日___时___分

8. 工作终结

工作现场所装设接地线共　01 号　组，个人保安线共　一　组已全部拆除，工作班人员已全部撤离现场，工具、材料已清理完毕，杆塔、设备上已无遗留物。

工作负责人签名：唐九如　工作许可人签名：杜　仲

工作终结时间：2014 年07 月29 日09 时00 分

9. 备注：

2. 配电室停电操作票的填写示例

配电室停电操作票

单位：国网××××××公司　　　　编号：【配操】　2014-07-01

发令人	杜仲	受令人	李进	发令时间	2014 年 07 月 29 日 08 时 00 分
操作开始时间：2014 年 07 月 29 日 08 时 10 分			操作结束时间：2014 年 07 月 29 日 08 时 15 分		
（　）监护下操作　（√）单人操作　（　）检修人员操作					
操作任务：					

顺序	操　作　项　目
1	拉开 0.22kV 资阳培训中心 07 号配电屏 QF4 漏电断路器
2	检查确认 0.22kV 资阳培训中心 07 号配电屏 QF4 漏电断路器已在断开位置
3	拉开 0.22kV 资阳培训中心 07 号配电屏 QS2 隔离开关

续表

顺序	操 作 项 目
4	检查确认 0.22kV 资阳培训中心 07 号配电屏隔离开关 QS2 已在断开位置
5	拉开 0.4kV 资阳培训中心 07 号配电屏断路器 QF3
6	检查确认 0.4kV 资阳培训中心 07 号配电屏断路器 QF3 已在断开位置
7	拉开 0.4kV 资阳培训中心 07 号配电屏断路器 QF2
8	检查确认 0.4kV 资阳培训中心 07 号配电屏断路器 QF2 已在断开位置
9	拉开 0.4kV 资阳培训中心 07 号配电屏断路器 QF1
10	检查确认 0.4kV 资阳培训中心 07 号配电屏断路器 QF1 已在断开位置
11	拉开 0.4kV 资阳培训中心 07 号配电屏隔离开关 QS1
12	检查确认 0.4kV 资阳培训中心 07 号配电屏隔离开关 QS1 已旋至分闸位置
13	在 0.4kV 资阳培训中心 07 号配电屏隔离开关 QS1 动触头上逐相验电压，确认无电压后在动触头上挂 0.4kV 接地线 01 号一组
14	检查确认 0.4kV 资阳培训中心 07 号配电屏隔离开关 QS 动触头上已挂上 0.4kV 接地线 01 号一组
15	在 0.4kV 资阳培训中心 07 号配电屏隔离开关 QS 旋转操作杆上悬挂“禁止合闸，有人工作”标示牌
16	在 0.4kV 资阳培训中心 07 号配电屏醒目位置悬挂“在此工作”标示牌
操作人：________ 监护人：________ 当班负责人：________	

注 填写操作票时必须按操作接线图核对。

模块3 电动机正、反转回路安装

一、作业任务

根据现场给定的电动机容量（现场可按不大于4kW条件具体实施安装接线），正确配置接触器、热继电器、按钮、熔断器及熔体，并按安全载流量选择主回路与控制回路导线，独立完成电动机正、反转主回路与控制回路的安装接线（接线完成后应满足电动机能够正常运转）。

二、引用文件

（1）《国家电网公司生产技能人员职业能力培训规范 第33部分：农网配电》（Q/GDW 232.33—2008）。

（2）《国家电网公司电力安全工作规程（配电部分）（试行）》（国家电网安质〔2014〕265号）。

（3）《农村低压电力技术规程》（DL/T 499—2001）。

（4）《农村电网低压电气安全工作规程》（DL/T 477—2001）。

（5）《农村低压安全用电规程》（DL 493—2015）。

（6）《配电网运行规程》（Q/GDW 519—2010）。

三、作业条件

（1）室内进行。

（2）操作平台须垫绝缘垫：一块大小合适的木工板。

四、作业前准备

1. 危险点及预控措施

（1）危险点1：电击。

预控措施：正确穿戴劳动保护用品，带电操作时应使用绝缘工具。

（2）危险点2：利器伤害。

预控措施：①每个人的操作工位合适，相互间不受影响；②导线剥切时，应使用剥线钳，避免使用刀具时对线芯造成损伤及对人员造成伤害。

（3）危险点3：元器件的损伤。

预控措施：①元器件在安装前应先进行位置布置，再引孔和安装；②安装时自攻螺栓的松紧力度要合适，以没有明显晃动为宜。

2. 工器具及材料选择

电动机正、反转控制线路安装所需工器具见表2-3-1。

表 2-3-1　　电动机正、反转控制线路安装项目所需工器具

序　号	名　称	规　格	单　位	数　量	备　注
1	尖嘴钳	150mm	把	1	
2	钢丝钳	150mm	把	1	
3	自动剥线钳 A 型	170mm	把	1	
4	万用表	MT1210	只	1	
5	一字螺丝刀	150mm	把	1	
6	十字螺丝刀	150mm	把	1	
7	直刃电工刀	80029	把	1	
8	验电笔	DCY-109	只	1	

电动机正、反转控制线路安装所需材料见表 2-3-2。

表 2-3-2　　电动机正、反转控制线路安装所需材料

序　号	名　称	规　格	单　位	数　量	备　注
1	交流接触器	CJT1-10A	只	3	
2	熔断器	30A	只	3	
3	熔断器	15A	只	2	
4	热继电器	JR36-15/3D	只	1	
5	组合按钮	LA20-3H	个	1	三色
6	端子排	TD-1510	个	1	
7	多股软铜线	BVR1.5	m	10	
8	单芯硬铜线	BV2.5	m	30	黄、绿、红各 10m
9	线号管	1.5mm^2；2.5mm^2	m	若干	
10	插头	三相四线（AT-CT04）	只	1	
11	电缆	RVV-4×4/0.4kV	m	5	

3. 作业人员分工

本项目为单人操作，无辅助工。

五、作业程序

1. 操作流程

本任务工作流程见表 2-3-3。

表 2-3-3　　电动机正、反转控制线路安装操作流程

序号	作业内容	作业标准	安全注意事项	责任人
1	正确着装	工作服、工作鞋、安全帽、劳保手套穿戴正确	袖口扣好	
2	工器具及材料准备	（1）根据工作任务准备齐全所用的工具、仪表。 （2）用正确的方式对电器元件进行必要的外观以及通电检查	（1）工器具外观检查合格，无损伤、变形现象。 （2）元件通电检查合格	

续表

序号	作业内容	作业标准	安全注意事项	责任人
3	元器件选择	主要元器件及导线要求选择正确，配置合理，具体要求如下： （1）主回路和控制回路熔断器及熔体选择合适，如图 2-3-3 所示为 RLA-15 快速熔断器。 （2）接触器额定电流选择正确，接触器线圈额定电压选择正确，如图 2-3-4 所示为 CJT1-10A 交流接触器。 （3）热继电器额定电流选择正确，如图 2-3-5 所示为热继电器。 （4）主回路及控制回路导线选择合适		
4	绘制接线原理图	正确规范的绘制接线原理图，接线原理图如图 2-3-1 所示： （1）按要求标注图形、文字符号。 （2）规范标注节点。 （3）原理图应整洁，布局合理		
5	元器件固定	（1）元器件牢固无歪斜，安装位置合理。 （2）主回路元器件应在同一中轴线上。 （3）方向性元器件安装规范。 如图 2-3-2 所示为双重联锁正、反转控制线路元器件布置示意图	（1）元器件在安装过程中不得有损伤。 （2）不得将活络扳手或钳子当榔头使用	
6	导线的连接	（1）导线连接：①接线正确无误、导线接点压接稳固、美观，接点线鼻近似标准圆；②顺时针方向压线；③同一压接点线头不得超过两根；④用相对编号法编写号箍。 （2）布线工艺要求：①布线及导线拐弯位置合理，美观大方，导线横平竖直，导线弯折不得使用钳口；②扎带绑扎均匀美观，方向合理、一致，不得带尾，按 150mm 等距离绑扎。 如图 2-3-6 为电动机正、反转控制双重联锁线路	（1）线头绝缘剥切不得过长，线芯露出部分不超过 2mm。 （2）不得用钳子拧螺钉。 （3）在导线弯折 15～20mm 处绑扎。 （4）使用斜口钳剪除尼龙尾带，每根留尾长不得超过 5mm	
7	通电试车	正确使用表计： （1）表计使用前，正确对表计进行检查。 （2）测量时，表计挡位、量程选择合适。 通电试车： （1）电气控制原理与实际接线正确。 （2）能正确实现正转、反转的切换。 （3）不得有短路现象	（1）万用表在使用前应作外观及校验合格有效期检查。 （2）用电阻挡时，使用前及换挡后都应做调零检查。 （3）测试后须复位。 （4）不得有人为造成的短路现象	
8	文明施工	（1）工作中应爱护仪表及每件电器元件。 （2）不得乱丢乱扔或掉落工具。 （3）每根线材所留尾线长度不得超过 150mm		
9	工作结束	清理现场，并将所用工器具清洁后整齐收好		

2. 本模块操作示例图

（1）接线原理图。电动机正、反转控制双重联锁线路示意图如图 2-3-1 所示。

（2）元件布置图。电动机正、反转控制双重联锁线路元器件布置示意图如图 2-3-2 所示。

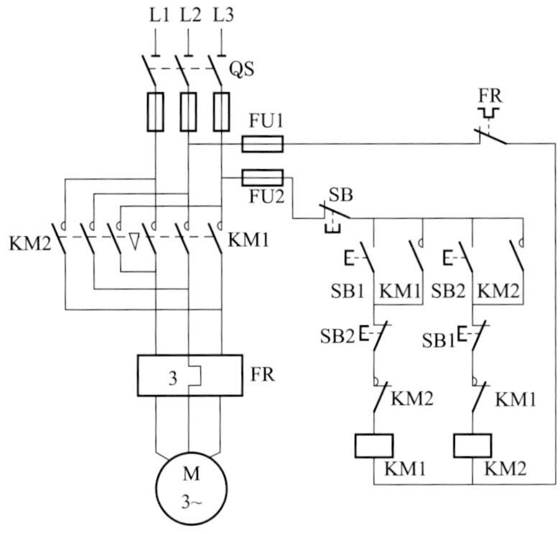

图 2-3-1　双重联锁的正、反转控制电路原理图

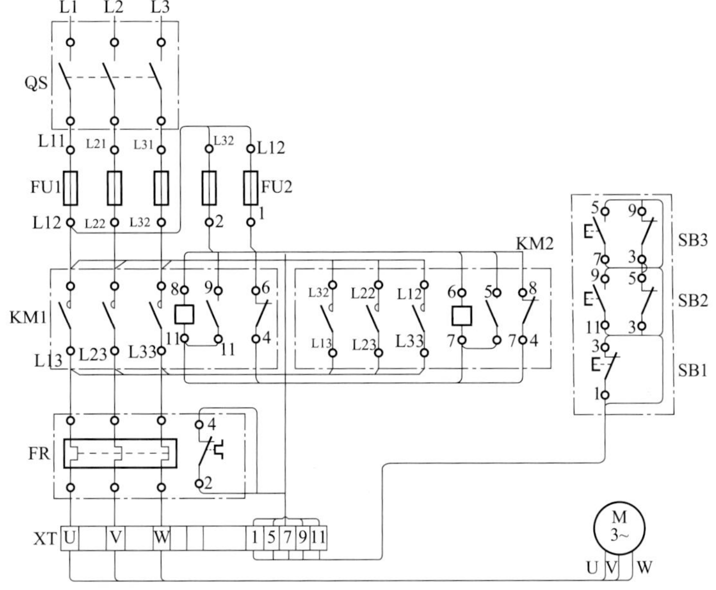

图 2-3-2　双重联锁的正、反转控制线路元器件布置示意图

（3）元件。图 2-3-3 为熔断器，图 2-3-4 交流接触器，图 2-3-5 为热继电器。

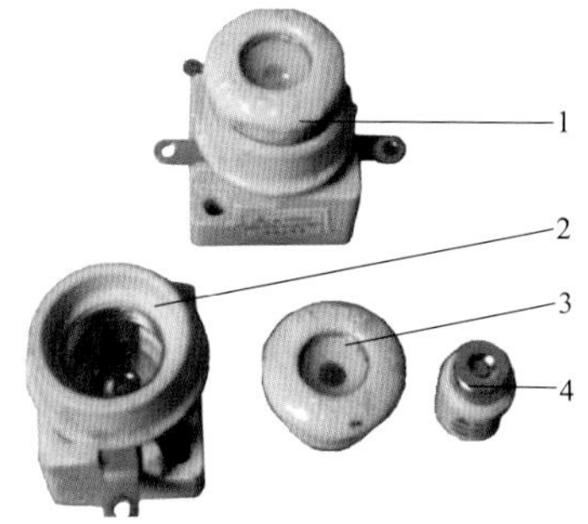

图 2-3-3　RLA-15 快速熔断器

1—熔断器；2—熔断器座；3—熔断器盖；4—熔体

图 2-3-4　CJT1-10A 交流接触器

1—线圈端子；2—主触头；3—辅助常开触头；4—辅助常闭触头

（a）

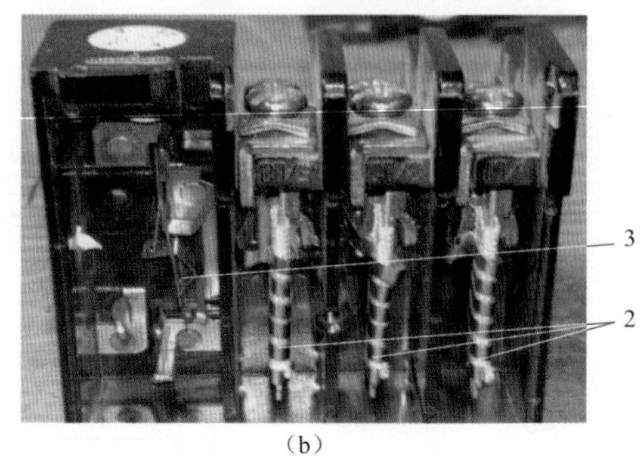

（b）

图 2-3-5 热继电器

（a）热继电器外部；（b）热继电器内部

1—95、96 为常闭接线柱；2—三相发热单元组合；3—弹簧动触头

（4）电动机正、反转控制双重联锁线路成果如图 2-3-6 所示。

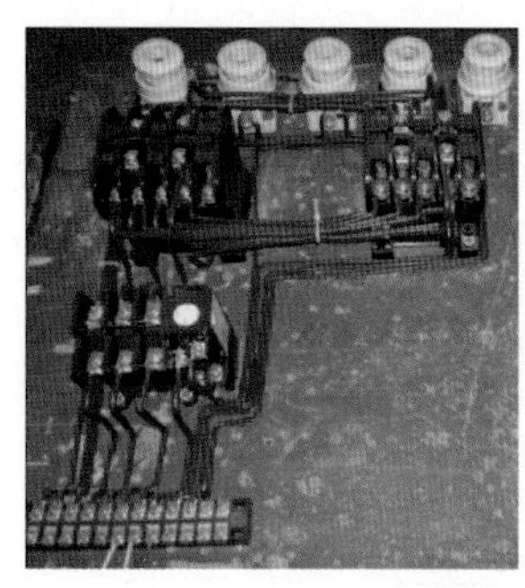
图 2-3-6 电动机正、反转控制双重联锁线路成果

六、相关知识

1. 三相异步电动机的工作原理

在三相异步电动机的定子铁芯里，嵌放着对称的三相绕组 U1-U2、V1-V2、W1-W2，如图 2-3-7 所示。以鼠笼式三相异步电动机为例，转子是一种闭合的多相绕组，下面分析三相异步电动机工作原理。

当异步电动机三相对称定子绕组中通入 U、V、W 相序的三相对称交流电流时，定子电流便产生一个以同步转速 n_1 旋转的圆形旋转磁场，且 $n_1=\frac{60f}{p}$，旋转方向取决于定子三相绕组的排列以及三相电流的相序。图中 U、V、W 三相绕组顺时针排列，当定子绕组中通入 U、V、W 相序的三相交流电流时，定子旋转磁场为顺时针转向。转子开始是静止的，故转子与旋转磁场之间存在相对运动，转子导体切割定子磁场而感应电动势，因转子绕组自身闭合，转子绕组内便产生了感应电流。转子有功分量电流与转子感应电动势同相位，其方向由右手定则确定。载有有功分量电流的转子绕组在磁场中受到电磁力作用，由左手定则可判定电磁力 F 的方向。电磁力 F 对转轴形成一个电磁转矩，其作用方向与旋转磁场方向一致，拖着转子沿着旋转磁场方向旋转，将输入的电能变成转子旋转的机械能。如果电动机轴上带有机械负载，则机械负载便随电动机转动起来。

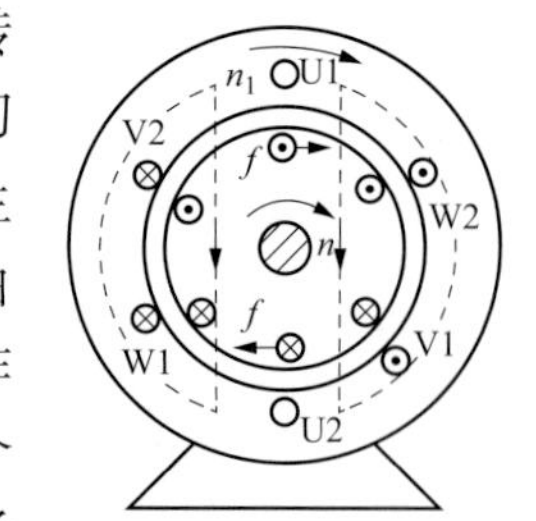

图 2-3-7 三相异步电动机的工作原理图

三相异步电动机的转子旋转方向始终与旋转磁场的方向一致，而旋转磁场的方向又取决于通入交流电的相序，因此只要改变定子电流相序，即任意对调电动机的两根电源线，便可使电动机反转。

2. 三相异步电动机的正、反转控制电路

在生产上往往要求运动部件作正、反两个方向运动。例如，机床工作台的前进与后退，主轴的正转与反转，起重机的提升与下降等。它们都要求电动机能正、反转，这只要用两个交流接触器就能实现这一要求，如图 2-3-8 所示。当正转接触器 KM1 工作时，三相电源 L1、L2、L3 按 U、V、W 相序接入电动机，电动机正转；当反转接触器 KM2 工作时，三相电源 L1、L2、L3 按 W、V、U 相序接入电动机，使流入电动机的电流相序改变，所以电动机反转。

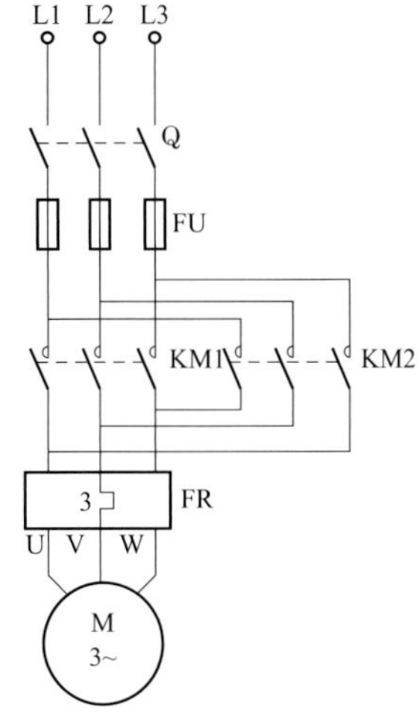

图 2-3-8 用两个交流接触器实现电动机正、反转示意图

如果两个接触器同时工作，从图可知，将有两根电源线 L1、L3 通过它们的主触头将电源短路。为防止该现象发生，要求两个接触器不能同时工作，这种在同一时间里只允许一个接触器工作的控制称为互锁或联锁。

实现联锁控制的常用方式有接触器、按钮实现的双重联锁的正、反转控制电路如图 2-3-1 所示；接触器联锁的正、反转控制线路如图 2-3-9 所示。

3. 热继电器

（1）工作原理。热继电器是用于电动机或其他电气设备、电气线路的过载保护的保护电器。电动机在实际运行中，如拖动生产机械进行工作过程中，若机械出现不正常的情况或电路异常使电动机遇到过载，则电动机转速下降、绕组中的电流将增大，使电动机的绕组温度升高。若过载电流不大且过载的时间较短，电动机绕组不超过允许温升，这种过载是允许的。但若过载时间长，过载电流大，电动机绕组的温升就会超过允许值，使电动机绕组老化，缩短电动机的使用寿命，严重时甚至会使电动机绕组烧毁。所以，这种过载是电动机不能承受的。热继电器就是利用电流的热效应原理，在出现电动机不能承受的过载时切断电动机电路，为电动机提供过载保护的保护电器。

热继电器工作原理如图 2-3-10 所示。

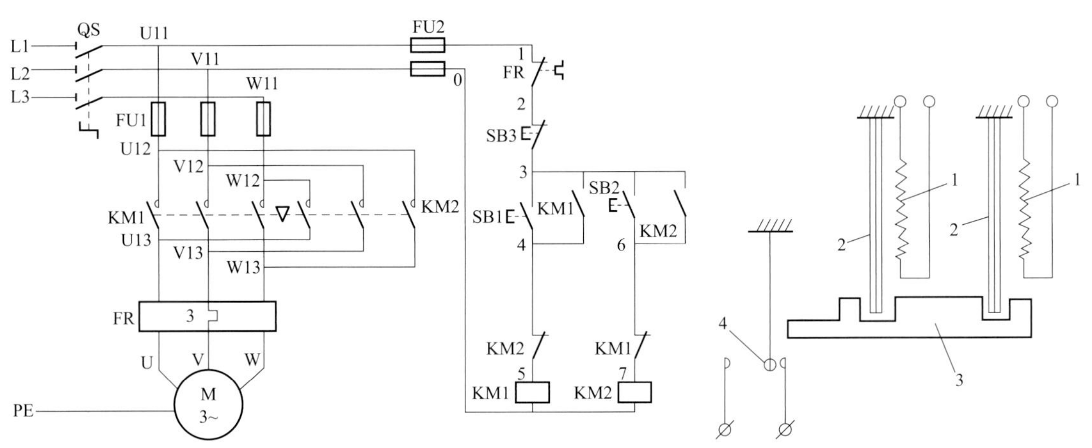

图 2-3-9 接触器联锁的正、反转控制线路

图 2-3-10 热继电器工作原理

1—热元件；2—双金属片；3—导板；4—触点

（2）热继电器型式。热继电器的型式较多，常见的有：

1）双金属片式。利用两种膨胀系数不同的金属（通常为锰镍和铜板）辗压制成的双金属片受热弯曲去推动杠杆，从而带触头动作。

2）热敏电阻式。利用电阻值随温度变化而变化的特性制成的热继电器。

3）易熔合金式。利用过载电流的热量使易熔合金达到某一温度值时，合金熔化而使继电器动作。

在上述三种型式中，以双金属片式热继电器应用最多，并且常与接触器构成磁力启动器。

模块4 花杆、皮尺分坑

一、作业任务

采用花杆、皮尺对10kV配电线路电杆及拉线基础进行分坑操作。

二、引用文件

（1）《10kV及以下架空配电线路设计技术规程》（DL/T 5220—2005）。

（2）《电气装置安装工程66kV及以下架空电力线路施工及验收规范》（GB 50173—2014）。

（3）《国家电网公司生产技能人员职业能力培训规范 第33部分：农网配电》（Q/GDW 232.33—2008）。

（4）《国家电网公司电力安全工作规程（配电部分）（试行）》（国家电网安质〔2014〕265号）。

（5）《农村低压电力技术规程》（DL/T 499—2001）。

（6）《农村电网低压电气安全工作规程》（DL/T 477—2010）。

（7）《农村低压安全用电规程》（DL 493—2015）。

（8）《配电网运行规程》（Q/GDW 519—2010）。

三、作业条件

（1）花杆、皮尺分坑应在良好干燥天气进行，在操作过程中，遇到6级以上大风以及雷暴雨、冰雹、大雾、沙尘暴等恶劣天气时应停止工作。

（2）在配电线路培训场地进行。

四、作业前准备

1. 危险点及预控措施

危险点：与带电线路安全距离不够。

预控措施：测量时，注意花杆与带电线路的最小安全距离：10kV线路安全距离为0.7m，220V线路以不接触为准，并设专人监护。

2. 工器具及材料选择

使用花杆和皮尺进行10kV配电线路分坑所需工器具见表2-4-1。

表2-4-1 使用花杆和皮尺进行10kV配电线路分坑项目所需工器具

序号	名称	规格	单位	数量	备注
1	皮尺	5m	个	1	
2	花杆		根	4	
3	插钎（或木桩及小铁钉）		根	20	
4	粉笔		根	1	
5	榔头		把	1	
6	工具包	电工用	个	1	

3. 作业人员分工

本项目作业人员分工见表2-4-2。

表 2-4-2 使用花杆和皮尺进行 10kV 配电线路分坑人员分工

序 号	工作岗位	数量（人）	工作职责
1	工作负责人兼安全监护	1	现场指挥、组织协调、安全监护
2	操作电工	1	分坑操作
3	辅助人员	1	辅助拉皮尺及插插钎

五、作业程序

1. 操作流程

本任务工作流程见表2-4-3，工作流程中花杆、插钎的编号可对照图2-4-2中所示。

表 2-4-3 使用花杆和皮尺进行 10kV 配电线路分坑操作流程

序号	作业内容	作业标准	安全注意事项	责任人
1	前期准备工作	（1）工作服、工作鞋、安全帽、劳保手套穿戴正确。 （2）现场核对线路名称、杆号		
2	工器具的检查	花杆、皮尺、插钎等工器具符合质量要求	工器具外观检查合格，无损伤、变形现象	
3	确定原有线路中心线位置	确定原有线路中心位置的方法有几种，下面介绍一种： （1）在搭接杆及前一根电杆J1的同一侧紧贴电杆各插一根花杆，并使两根花杆对齐。此时两根花杆的插入点的连线应与两根电杆相切，如图2-4-4所示。 （2）拔出插在电杆J1杆根处花杆，用粉笔在搭接杆插花杆处作记号1。 （3）用皮尺绕搭接杆一周，再将绕搭接杆部分对折。 （4）以记号1为起点，将对折的部分皮尺沿杆塔拉出，终点作记号2。 （5）将绕搭接杆的部分皮尺的一半对折，从记号1始，沿新建线路侧拉出，终点即为90°转角，作记号3，在此处插一根花杆A1。 （6）再将皮尺反向拉出，终点记为记号4。 （7）用皮尺将记号2和记号3之间的部分三等分，以记号2为起点，依次记为记号5和记号6。再将记号1和记号4之间三等分，以记号1为起点，依次记为记号7和记号8，如图2-4-5所示。 （8）辅工将皮尺0m刻度处置于记号1，6m刻度处置于记号2，操作电工在皮尺3m刻度处用插钎将皮尺的两段都拉直，如图2-4-6所示，然后在3m刻度处插一根花杆A2。 （9）取一根花杆，在线路前进方向与花杆A1和A2对齐，此时三根花杆所在的直线即为线路中心线，如图2-4-7所示		

续表

序号	作业内容	作业标准	安全注意事项	责任人
4	＃1 杆定位、分坑	＃1 杆和搭接杆之间的线路与原线路的之间的夹角为 60°，现场可以有多种方法定位出转角 60°线路，这里介绍用等边三角形定位出转角位 60°线路的方法： （1）由辅工将皮尺上 15cm 处置于搭接杆上记号 3 处，操作电工将皮尺沿花杆 A1 和 A2 所在直线上拉直，在皮尺上 3m 处内侧插一根插钎。再将皮尺上 885cm 处交由辅工置于记号 5 处。再由操作电工在皮尺上 6m 处用插钎将皮尺绷直，如图 2-4-8 所示。 （2）拔出步骤 3 中插在地上的三根花杆，在搭接杆上记号 5 处、皮尺上 6m 处各插一根花杆 A3 和 A4。 （3）用花杆 A5 在距离花杆 A3 大约 20m 处与花杆 A3 和 A4 瞄准，瞄准后插下 A5，三根花杆所在的直线即为 1 号杆与搭接杆之间的线路，如图 2-4-9 所示。 （4）辅工将皮尺上 0m 处置于搭接杆上记号 5 处，操作电工将皮尺沿花杆 A3、A4 和 A5 所在直线拉出 20m，然后将花杆 A5 移到皮尺上 20m 处，该处即为＃1 杆中心点位置，如图 2-4-10 所示	（1）将皮尺拉直不能卷曲。 （2）皮尺拉直时应在花杆的同一侧。 （3）皮尺要紧贴花杆或插钎拉直。 （4）插花杆时要注意瞄准。 （5）尽量减小误差，三角形的每边长应大于 2m	
5	＃1 杆 1 号拉线定位、分坑	（1）在 A3 和 A4 延长线上距离花杆 A5 约 11.5m（挂点高 9.5m＋坑深 2m）距离处，用花杆瞄准花杆 A3、A4 和 A5 并插下，记为花杆 A6。 （2）在花杆 A5 和 A6 之间拉直皮尺，在皮尺上距离 A5 11.5m 刻度处插上插钎 b1，即为＃1 杆 1 号拉线坑中心点		
6	搭接杆弓背拉线分坑	（1）在距花杆 A3 的 3m 处插一根插钎 a1。 （2）将皮尺上 20m 处置于插钎 a1 处，然后将皮尺 20m 刻度两边的部分在插钎上向着搭接杆方向绷直，并使两边与搭接杆相切。 （3）在皮尺上 10m 和 30m 处各插一根插钎 a2 和 a3，在皮尺上 0m 和 40m 处各插一根插钎 a4 和 a5，用皮尺找出 a2 和 a3 的中点并在该处插一根插钎 a6，用皮尺找出 a7 的中点并插一根插钎 a7。 （4）拔出插钎 a1、a2、a3、a4 和 a5，将皮尺上的 0m 刻度处置于搭接杆上记号 7 处，将皮尺沿插钎 a6 和 a7 拉出，在 11.5m 处插上插钎 b2，即为搭头杆弓背拉线坑中心点	皮尺与搭接杆相切时要注意	
7	＃2 杆定位、分坑	采用等腰三角形法定位出转角 60°线，再根据等腰三角形底边三线合一（等腰三角形底边的中线、底边的垂线和顶角的角平分线为同一直线）定理，作出等边三角形底边中线，此时即可定位出转角位 30°线路： （1）在＃1 杆中心点（即花杆 A5 处）和插钎 b1 所在的直线上距＃1 杆 3m 插一根插钎 a8。 （2）拔出花杆 A3、A4 和 A6，辅工将皮尺 0m 刻度和 9m 刻度置于花杆 A5 处，2 号辅工将皮尺 3m 处置于插钎 a8 处，操作电工取皮尺上 6m 处将皮尺向新的线路侧拉直。	（1）皮尺要保持水平状态；皮尺必须拉直。	

续表

序号	作业内容	作业标准	安全注意事项	责任人
7	2＃杆定位、分坑	（3）操作电工在皮尺上6m处插一根插钎a9；如图2-4-11所示。 （4）在插钎a8和插钎a9中点处（即皮尺上4.5m处）插一根插钎a10，此时花杆A5与a10的连线与＃1与搭接杆所在线路延长线的夹角为30°，如图2-4-12所示。 （5）将插钎a10拔出，在插钎a10处插一根花杆A7。 （6）在A5和A7延长线约20m处，用花杆A8与A5和A7对齐，使三根花杆在同一直线上。 （7）将皮尺在A5和A8间拉直，将花杆A8移到距A5距离20m处，该处即为＃2杆中心点，如图2-4-13所示。 （8）拔出插钎a8和a9	（2）皮尺拉直时应在花杆A1、A2的同一侧。 （3）皮尺要紧贴花杆或插钎拉直。 （4）插花杆时要注意瞄准	
8	＃1杆2号拉线定位、分坑	用花杆找出花杆A5和A8所在线路中心线的反向延长线，在距花杆A5约11.5m（挂点高9.5m＋坑深2m）距离处用花杆A9与A5和A8对齐，将皮尺上0m处置于花杆A5处，沿着A5和A9拉出，在花杆A5距离11.5m处插上插钎b3，即为＃1杆2号拉线坑中心点		
9	＃3杆定位、分坑	拔出花杆A9，用花杆找出花杆A5和A8所在线路中心线的延长线，在花杆A8距离20m处插一根花杆A10，即为＃3杆的中心点		
10	＃4杆定位、分坑	（1）用花杆在距花杆A10约3m处找到＃2杆和＃3杆中心线的延长线，在距＃3杆（即花杆A10）3m处插上插钎a11。 （2）用步骤4中的等边三角形法定位出转角60°线。 （3）用步骤7中的角平分线法平分60°角定位出转角30°线。 （4）再用角平分线法平分30°角定位出转角15°线并插上花杆A11。 （5）在花杆A10距离32m处用花杆找出转角15°线的延长线，在距＃3杆20m处插上插钎b4，即为＃4杆中心点，在距插钎b4 11.5m处插上插钎b5，即为＃4杆的拉线		
11	＃3杆水平拉线定位、分坑	（1）拔出花杆A5、A8，并分别在对应位置插上插钎b6、b7。 （2）用皮尺在＃3杆中心点和＃4杆中心点之间拉直，在距＃3杆中心点3m处插一根插钎a8。 （3）根据勾股定律，用皮尺拉出3m、4m、5m折成三角形，三角形的直角对准＃3杆中心桩，3m直角边则为a8和＃3杆中心点之间的连线，线路外侧角插一花杆A12。 （4）用花杆A13在A10和A12的延长线上约13m处与A10和A12对齐。 （5）用皮尺在花杆A10和A13之间拉直，在距＃3中心点（即花杆A10）10m和12.5m，在两处各插一根插钎b8和b9，10m处为拉线杆位，12.5m处为拉线坑中心		

续表

序号	作业内容	作业标准	安全注意事项	责任人
12	清理	将多余花杆、插钎拔出		
13	工作结束	清理现场，并将所用工器具清洁后整齐收好		

2. 本模块的主要操作示例图

（1）本模块分坑定位的杆塔线路如图 2-4-1 所示。

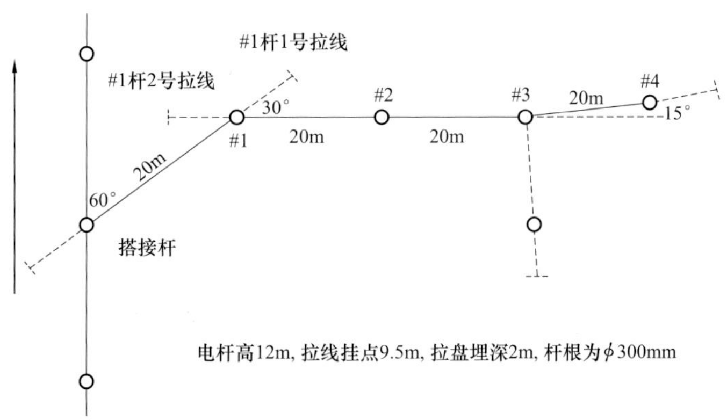

图 2-4-1　分坑定位的杆塔线路

（2）花杆和皮尺分坑操作示意例如图 2-4-2 所示。

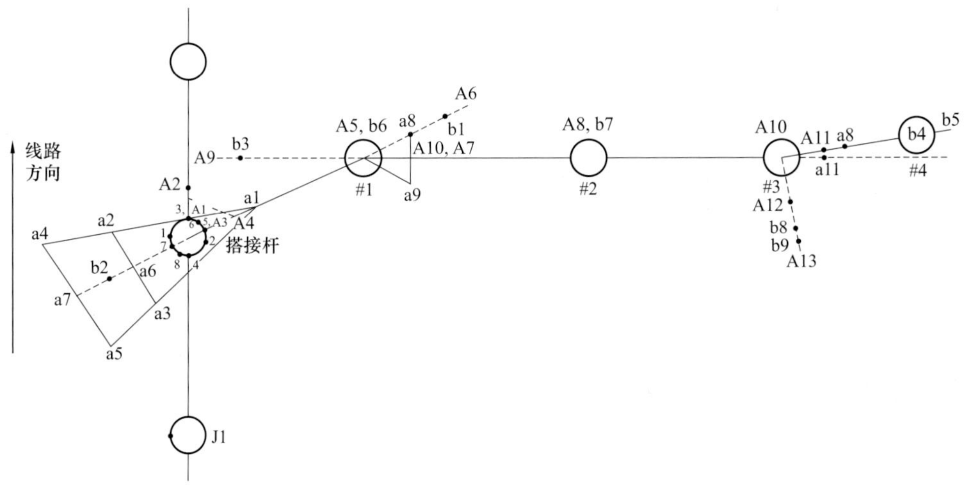

图 2-4-2　花杆和皮尺分坑操作示例图

（3）花杆和皮尺分坑所需工器具如图 2-4-3 所示。

（4）确定原有线路中心线位置。确定两根电杆切线如图 2-4-4 所示，电杆上的记号如图 2-4-5所示。

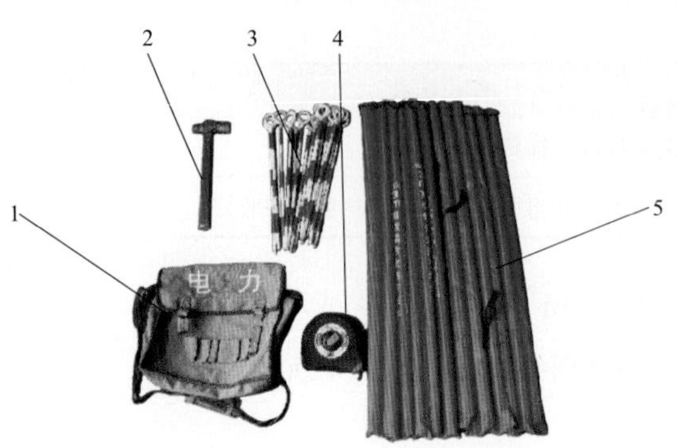

图 2-4-3　花杆和皮尺分坑工器具

1—工具包；2—榔头；3—插钎；4—皮尺；5—花杆

图 2-4-4　确定两根电杆切线

图 2-4-5　电杆上的记号

确定花杆 A2 的位置如图 2-4-6 所示，确定原有线路中心线如图 2-4-7 所示。

图 2-4-6　确定花杆 A2 的位置

图 2-4-7　确定原有线路中心线

1—花杆 A1；2—花杆 A2

（5）＃1 杆坑定位。等边三角形法确定转角 60°线路如图 2-4-8 所示，确定＃1 杆所在线路如图 2-4-9 所示，确定＃1 杆坑中心点如图 2-4-10 所示。

（6）＃2 杆坑定位。用皮尺拉等边三角形如图 2-4-11 所示，确定等边三角形底边中心点如图 2-4-12 所示，定位＃2 杆坑中心点如图 2-4-13 所示。

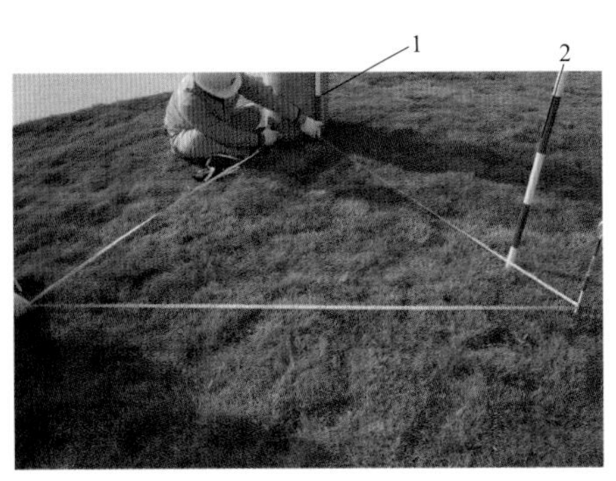

图 2-4-8　等边三角形法确定转角 60°线路

1—花杆 A1；2—花杆 A2

图 2-4-9　确定♯1 杆所在线路

1—花杆 A3；2—花杆 A4；3—花杆 A5

图 2-4-10　确定♯1 杆坑中心点

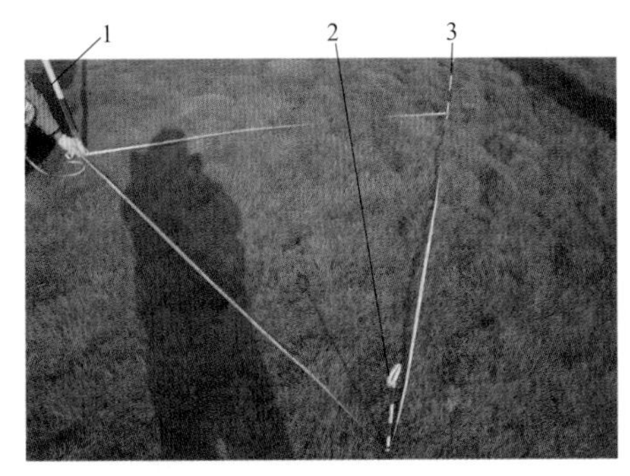

图 2-4-11　用皮尺拉等边三角形

1—花杆 A5；2—插钎 a9；3—插钎 a8

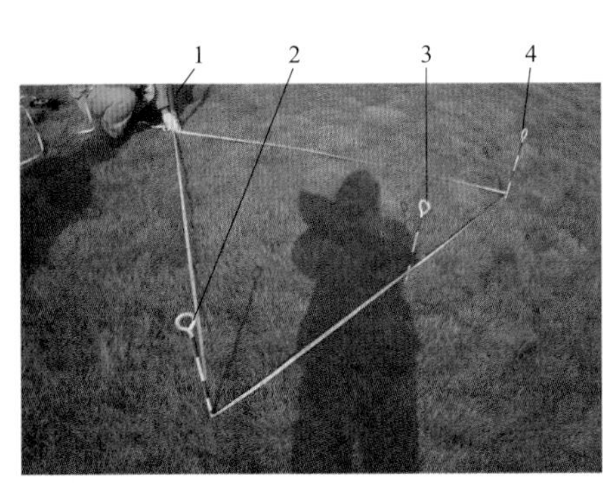

图 2-4-12　确定等边三角形底边中心点

1—花杆 A5；2—插钎 a9；3—插钎 a10；4—插钎 a11

图 2-4-13　确定♯2 杆坑中心点

1—插钎 a9；2—花杆 A5；3—花杆 A7；
4—插钎 a8；5—花杆 A8

六、相关知识

1. 勾股定理

在任何一个直角三角形中，两条直角边的长度的平方和等于斜边长度的平方，这就叫勾股定理。常见的特殊直角三角形如图 2-4-14 所示。

三条确定的边长可以确定一个三角形，因此，在花杆和皮尺分坑操作时，用皮尺按照

图 2-4-10中的比例拉出三角形，可确定三角形的直角（即 90°），同理也可确定 30°、45°、60°等特殊角。

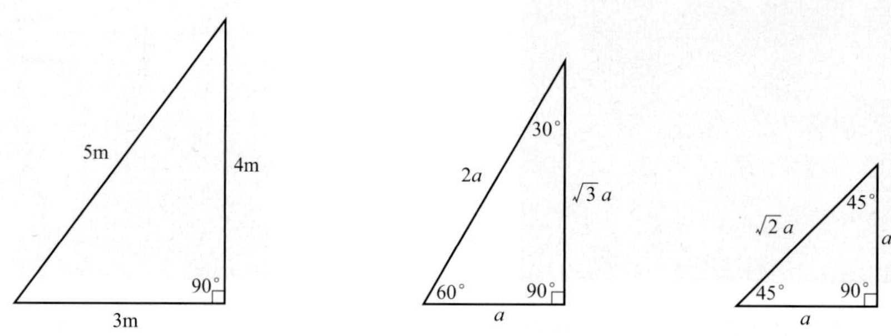

图 2-4-14　三种特殊三角形

2. 等边三角形及“等腰三角形三线合一”定理的应用

三条边长相等的三角形为等边三角形，在花杆和皮尺分坑作业现场，可以很方便地用皮尺拉出等边三角形，用于确定 60°角。

等腰三角形底边上的高、底边上的中线、顶角平分线相互重合简称等腰三角形底边三线合一定理。在花杆皮尺分坑作业现场，可以用找等腰三角形底边上的中点的方式，轻松地找到等腰三角形顶角平分线，也可以找出底边的垂线。

此外，用找出等边三角形底边上的中点的方式，可以平分 60°角从而找到 30°转角的线路，再平分 30°角找到 15°转角的线路。

3. 拉线长度计算

单杆四方拉线坑位的测定及拉线长度的计算分两种情况：平地拉线坑位的测定及拉线长度的计算；倾斜地面拉线坑的测定及拉线长度的计算。

平地拉线坑位的测定及拉线长度的计算如图 2-4-15 所示，过程比较简单，根据拉线悬挂点高度 H；基础有效埋深 h 和拉线对杆身的垂直夹角 α，则按下式计算拉线坑中心 M 和拉棒露出地面点 N 到杆塔中心桩 O 的距离，分别为 d 和 d_0。

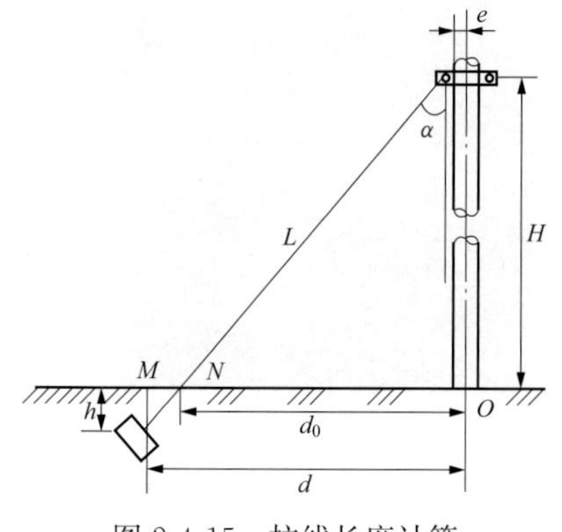

图 2-4-15　拉线长度计算

计算公式为

$$d=(H+h)\tan\alpha+e$$

$$d_0=H\tan\alpha+e$$

式中　H——拉线悬挂点到施工基面的高度，mm；

e——拉线挂点到杆塔中心的距离，mm；

α——拉线与杆塔的垂直夹角，一般为 30°或 45°。

模块5 使用固定式人字抱杆组立混凝土杆

一、作业任务

在培训场地完成采用固定式人字抱杆组立12m及以下混凝土杆。

二、引用文件

（1）《电气装置安装工程66kV及以下架空电力线路施工及验收规范》（GB 50173—2014）。

（2）《配电网运行规程》（Q/GDW 519—2010）。

（3）《架空配电线路及设备运行规程》（SD 292—1988）。

（4）《国家电网公司电力安全工作规程（配电部分）（试行）》（国家电网安质〔2014〕265号）。

（5）《国家电网公司生产岗位生产技能人员职业能力培训规范 第33部分：农网配电》（Q/GDW 232.33—2008）。

（6）《农村低压电力技术规程》（DL/T 499—2001）。

（7）《农村电网低压电气安全工作规程》（DL/T 477—2010）。

（8）《电力安全工器具预防性试验规程（试行）》（国电发〔2002〕777号）。

三、天气及作业现场要求

（1）组立电杆应在良好的天气下进行，在作业过程中，遇到5级以上大风以及雷暴雨、冰雹、大雾、沙尘暴等恶劣天气时应停止工作。

（2）立杆操作必须设专人统一指挥。开工前，应交代施工方法、指挥信号和安全组织、技术措施，作业人员应明确分工、密切配合、服从指挥。

（3）使用抱杆立杆时，主牵引绳、尾绳、杆塔中心及抱杆顶应在同一条直线上。抱杆顶部应固定牢固，抱杆顶部应设临时拉线控制。固定临时拉线时，不准固定在有可能移动的物体上或其他不牢固的物体上。

（4）整立立杆前应进行全面检查，各受力、连接部分区别合格方可起吊。杆顶离地0.8m时必须进行一次冲击试验，对各受力点进行检查，确定无问题后，再继续起立。

（5）新组立的电杆必须安装临时拉线后才能进行杆上作业。

四、作业前准备

1. 危险点及预控措施

（1）危险点1：防止触电伤害，防止抱杆、电杆、绳索跌落触及邻近带电线路。

预控措施：①邻近线路危及施工安全时应配合停电；②如不能停电时应采取安全措施并设专人监护。

（2）危险点 2：防止电杆、抱杆倾倒伤人。

预控措施：①要使用合格的起重工器具，严禁超载使用；钢丝绳套严禁以小代大使用；②起吊钢丝绳应绑在混凝土杆适当的位置，防止混凝土杆突然倾倒；③杆根监视人应站在杆根侧面，杆根监视人如下坑操作时应停止牵引；④已经立起的混凝土杆，只有安装全部永久拉线后，方可去除牵引绳和临时拉线；⑤立杆过程中始终保持：主牵引绳、尾绳、杆塔中心及抱杆顶一条线，抱杆下部要固定牢固，抱杆顶应设临时拉线（风绳），抱杆应受力均匀。

（3）危险点 3：高处落物伤人。

预控措施：①杆上电工应避免落物，地面电工不得在吊件及作业点正下方逗留，全体作业人员必须正确佩戴安全帽；②工作场地必须使用安全围栏，无关人员禁止入内。

（4）危险点 4：高处坠落伤害。

预控措施：①作业人员不得负重登杆，并使用防坠落装置，登杆过程使用安全带；②杆上作业不得失去安全带的保护；③监护人应加强监护，及时纠正作业人员可能存在的危险动作。

2. 工器具及材料选择

本模块所需要的工器具及材料见表 2-5-1。

表 2-5-1　　固定式人字抱杆整立混凝土杆所需工器具

序号	名称	规格	单位	数量	备注
1	铝合金人字抱杆	300mm×300mm×8m×2	副	1	
2	地锚	30kN	个	8	用铁棒桩代替
3	主牵引钢丝绳	ϕ12.5mm×60m	根	1	钢丝绳
4	风绳	ϕ9.3mm×25m	根	2	钢丝绳
5	钢丝绳套	ϕ12mm×3.5m	根	1	
6	钢丝绳套	ϕ12mm×1.5m	根	6	
7	人力绞磨	5kN	个	1	
8	白棕绳	ϕ18×25m	根	4	
9	二锤	18 磅	根	4	
10	铁滑车	30kN	个	3	
11	钢钎		根	4	
12	U 形环	U-7	个	4	
13	卸扣	50kN	个	3	
14	钢丝绳卡	ϕ12mm	个	9	
15	活络扳手	300mm	把	2	
16	皮尺	30m	个	1	
17	铁锹		把	2	
18	撬棍		根	3	
19	钢筋混凝土杆	10m 锥杆	根	1	

3. 工作人员分工

本项目操作共需要操作人员20名（其中工作负责人1名，安全监护人员1名，操作人员18名）；人员分工见表2-5-2。

表2-5-2　　固定式人字抱杆整立混凝土杆人员分工

序号	工作岗位	数量（人）	工作职责
1	工作负责人（现场总指挥）	1	负责现场总的操作命令
2	专责监护人员（安全员）	1	各危险点的安全检查和监护
3	吊点操作人员	1	负责固定电杆的钢丝绳套到吊点
4	绞磨操作人员	5	负责绞磨操作
5	起立抱杆人员	6	负责抱杆起立及抱杆操作
6	看根人员	2	观察及控制杆根
7	抱杆风绳控制人员	2	控制抱杆前后倾倒
8	电杆控制绳控制人员	2	控制电杆前后左右倾倒

五、作业程序

1. 工作流程

本任务工作流程见表2-5-3。

表2-5-3　　固定式抱杆组立混凝土杆工作流程

序号	作业内容	作业步骤及标准	安全措施注意事项	责任人
1	前期准备工作	（1）履行工作票手续。 （2）现场核对停电线路名称、杆塔编号。 （3）检查基础及杆塔。 （4）装设安全围栏，悬挂标示牌	（1）工作票填写和签发必须规范。 （2）现场作业人员正确穿戴安全帽、工作服、工作鞋、劳保手套	
2	立杆工器具的检查	（1）抱杆检查：抱杆表面有无腐蚀破损，抱杆接头螺栓紧固，附件齐全。 （2）滑轮及滑轮组应试验合格，外观无损坏。 （3）螺栓、钢丝绳应无锈蚀，满足承力要求。钢丝绳无断股。 （4）绞磨应外观良好，载荷满足承力要求，有合格证及校验单，使用灵活，闭锁装置可靠	（1）人字抱杆必须牢固可靠，附件完整，抱杆根可以根据土质条件，适当挖浅坑定位。 （2）滑车组规格必须符合承力要求，严禁以小代大，以次充好。 （3）绞磨必须固定在可靠地锚（桩）上，应固定在杆高1.2倍距离以外	
3	杆坑基础及地锚的检查	（1）电杆坑应在线路中心桩位上，深度应符合要求，坑底面应平整，坑内应无积水。如图2-5-2所示为挖开的电杆坑。 （2）前后风绳桩锚的埋设位置应和电杆坑中心及抱杆定点在一条直线上。桩锚的埋设必须牢固可靠，必要时增加铁棒桩进行加固	（1）电杆坑的深度必须符合（$H/10+0.7$m），指挥人员必须检查。 （2）前后风绳在抱杆顶固定时要注意与其他线缆关系，防止缠绕，不合理受力	
4	电杆的检查	电杆应无裂纹，弯曲度不得大于1‰杆长	对不符合要求的电杆，不能进行立杆操作	
5	各工位的检查	各工位的位置是否正确，桩锚是否稳固，人员是否到位，信号是否畅通	各工位人员若没有准备到位，不允许工作	

续表

序号	作业内容	作业步骤及标准	安全措施注意事项	责任人
6	人字抱杆起立	（1）抱杆组装好之后，将吊电杆的钢丝风绳一端用锁扣牢固的固定在抱杆上，另一端用紧线器收紧，固定在桩锚上。 （2）滑车组一端用锁扣牢固的固定在抱杆帽上。滑车组另一端用锁扣牢固的固定在电杆上。如图2-5-3所示为组装牵引滑车。 （3）将抱杆两脚放到杆坑两侧合适的位置，抱杆根开取抱杆长度1/3，用钢丝绳将抱杆脚连接并收紧，用钢钎抵好固定住抱杆脚，以使抱杆能以此为支点转动起立，抱杆Ⅱ面与杆坑中心保持400mm的距离。 （4）绞磨应摆放在前风绳方向并选择好操作的位置。部分工作人员抬抱杆头起立，在抱杆对地夹角到30°时，在前风绳方向牵引抱杆，控制前风绳风绳，随抱杆升起，慢慢放出后风绳。抱杆起立到80°停止牵引。 如图2-5-4所示为起立人字抱杆	（1）在抱杆中心与杆坑夹角不小于90°，抱杆长度取电杆重心（$0.4H+0.5$m）高度加2m，风绳桩和绞磨桩到杆坑中心距离，取电杆高度的1.5倍以上。 （2）抱杆顶、电杆中心、前后风绳地锚桩4点应在同直线上，风绳与地夹角不大于45°。 （3）抱杆立好后，调整好前、后风绳使抱杆与地面成90°后进行固定。如图2-5-5所示为固定人字抱杆根	
7	电杆的起吊	（1）将牵引绳从绞磨引出，在绞磨的磨盘上绕5～6圈，由专人拉尾绳。吊点的选择应高出电杆重心1.5m以上，确定电杆的吊点位置。若位置选择错误将导致电杆不能正常进位。固定式人字抱杆起吊示意图如图2-5-1所示。 （2）起吊中抱杆两侧风绳应平稳受力。 （3）起吊时，各号位负责人要认真监护，发现异常，立即报告指挥人员停止牵引进行处理，各工作人员必须服从统一指挥，电杆杆顶离地约0.8m时对电杆进行一次冲击试验，全面检查各受力点，确无问题后再继续起立。 如图2-5-6所示为抱杆起吊	（1）电杆起吊时必须统一信号。 （2）两根抱杆受力应均匀，如发现抱杆有纵向受力而产生偏斜，则应及时调整抱杆两侧风绳。 （3）起立电杆前要在杆顶套好前、后、左、右临时风绳，特别应防止由于电杆不在坑中心时，调整左右电杆风绳使准确地放在电杆中心桩，横向位移不应大于50mm。如图2-5-7所示为电杆根部落入杆坑。在电杆入坑后进行校正。 （4）在电杆起吊过程中，人员不得进入风绳和牵引绳内角侧，不得从上面跨过	
8	电杆坑的回填	电杆立好后，回填土块的直径应不大于30mm，每回填150mm应夯实一次，回填土的高度应高于电杆基面300mm	防止倒杆伤人	
9	电杆的校正	电杆的校正在回填时同时进行，如图2-5-8所示，校正后应符合下列标准： （1）直线杆和转角杆横向位移不应大于50mm，10kV及以下电杆杆梢倾斜位移不大于1/2梢径。 （2）转角杆应向外角预偏，紧线后不应向拉线反方向倾斜，杆梢位移不大于杆梢直径。 （3）终端杆应向拉线侧预偏，紧线后不应向拉线反方向倾斜，杆梢位移不大于杆梢直径		
10	放下抱杆	在抱杆根部用地锚桩稳住，用人力或绞磨带住，松出临时固定风绳，缓慢使抱杆落地，如图2-5-9所示为抱杆放倒	抱杆倒落过程中采取措施要防止抱杆根移动，使抱杆缓慢落地	
11	班后会	清理现场，召开班后会，如图2-5-10所示为组立混凝土杆完成班后会		

2. 本模块操作示例图

(1) 立杆现场布置图。图 2-5-1 是固定式人字抱杆整立混凝土杆现场布置示意图。

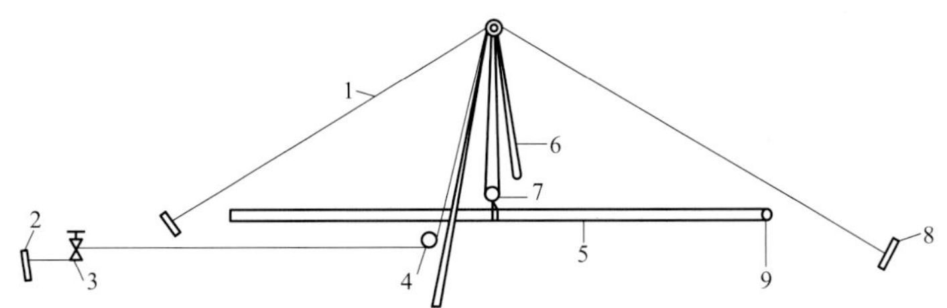

图 2-5-1　固定式人字抱杆整立混凝土杆现场布置示例图

1—临时拉线；2—绞磨桩；3—绞磨；4—导向滑车；5—电杆；6—人字抱杆；7—滑车组；8—拉线桩；9—调整绳位置

(2) 挖开的电杆坑如图 2-5-2 所示，组装牵引滑车如图 2-5-3 所示。

图 2-5-2　挖开的电杆坑

图 2-5-3　组装牵引滑车

(3) 起立人字抱杆如图 2-5-4 所示，固定人字抱杆根如图 2-5-5 所示。

图 2-5-4　起立人字抱杆

图 2-5-5　固定人字抱杆根

(4) 抱杆起吊如图 2-5-6 所示。

(5) 电杆落入杆坑如图 2-5-7 所示，电杆杆身歪斜校正如图 2-5-8 所示。

图 2-5-6　抱杆起吊

图 2-5-7　电杆根部落入杆坑

（6）抱杆放倒如图 2-5-9 所示，组立混凝土杆完成班后会如图 2-5-10 所示。

图 2-5-8　电杆杆身歪斜校正

图 2-5-9　抱杆放倒

六、相关知识

图 2-5-10　组立混凝土杆完成班后会

1. 混凝土杆组立的方法

常见的混凝土杆组立的方法有独脚抱杆立杆、固定式人字抱杆立杆、倒落式人字抱杆立杆和吊车立杆等。

（1）独脚抱杆立杆。独脚抱杆立杆又称为固定单抱杆或冲天抱杆。利用独脚抱杆起吊电杆的方法适用于地形较差，场地很小且不能设置倒落式人字抱杆所需要的牵引设备和制动设备装置的场合。这种起吊方法的特点是：每次只能起吊一根电杆，电杆起吊后还需要高空安装横担等构件，该方法只适用于起吊中等长度且质量较轻的电杆。独脚抱杆立杆现场布置如图 2-5-11 所示。

（2）固定式人字抱杆立杆。该方法是以固定的人字抱杆为起吊电杆受力点，在电杆起吊过程中，抱杆与地面的夹角不变，通常为 90°，抱杆头固定一个顶滑车，在抱杆根固定一个导向滑车，在安全距离以外布置一台绞磨，再配以钢丝绳来组立电杆。固定人字抱杆现场布置如图 2-5-12 所示。

固定式人字抱杆立杆其操作过程简单，需要场地较小；一般适用于组立 18m 以下电杆；单在电杆起吊过程中需要将整个电杆调离地面，需要较长的抱杆，抱杆受力也大，起吊前应将抱杆用临时拉线固定，在地形不平整的情况下不好布置，且操作人员需要在杆塔边作业，安全性较差。

（3）倒落式人字抱杆立杆。倒落式抱杆整立在电杆起立过程中，抱杆与地面的夹角 α 不断变化，最后当牵引绳与吊绳（吊绳合力作用线）拉成一条直线时抱杆失去作用，抱杆失效后将其缓慢放下至地面，再依靠牵引绳继续牵引起立杆塔。抱杆头固定一个或几个平衡分绳滑车，可以多种穿线方式布置吊绳系统；吊绳与牵引绳间靠抱杆脱落帽（自动脱落环）连接；在距离抱杆根部适当位置布置倒扳滑车，倒扳滑车与抱杆顶间布置一滑车组以省力，在底滑车附近布置绞磨以起立杆塔，如图 2-5-13 所示。

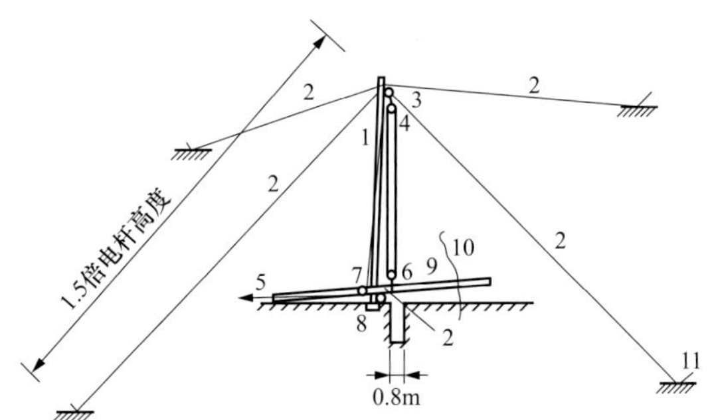

图 2-5-11　独脚抱杆立杆现场布置

1—抱杆；2—固定拉线；3—衬木；4—定滑轮；5—总牵引钢丝绳；6—动滑轮；7—地滑轮；8—垫木；9—电杆；10—晃风绳；11—钎桩（地锚）

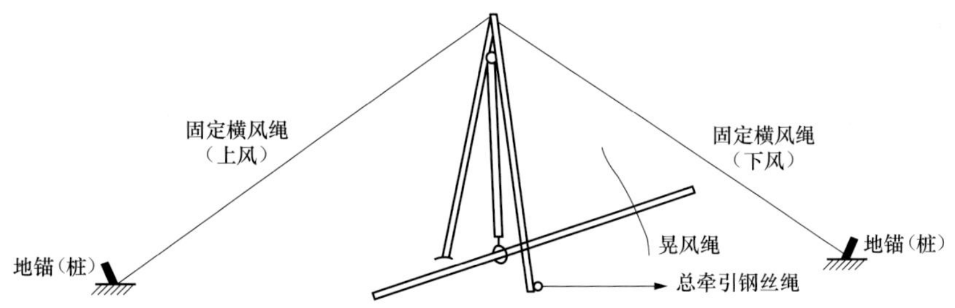

图 2-5-12　固定式人字抱杆立杆现场布置

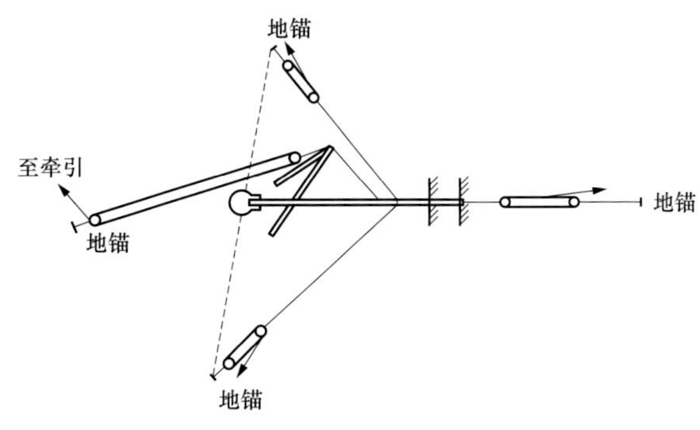

图 2-5-13　倒落式人字抱杆立杆

倒落式人字抱杆立杆的优点是适应性广，任意高度、重量的杆塔都可使用；高处作业少，劳动强度低，施工较安全，是配电线路杆塔施工中应用最为广泛的一种方法。

其缺点是需要较宽大且平整的组立场地；基础在起立杆塔过程中可能会受到较大的水平推力；工具较为复杂、笨重，尤其在组立重型杆塔（质量大于 30t）时。

（4）吊车立杆。吊车立杆是近年来使用较为广泛的一种立杆方式，它借助吊车臂通过钢

图 2-5-14 吊车立杆

丝绳吊装电杆来电杆，其立杆速度快，起吊重量大，操作安全性好；在一般新建线路施工中应用较广。但适用地形平整，交通比较方便的地区。如图 2-5-14 所示。

2. 固定式人字抱杆组立混凝土杆受力分析

（1）牵引方式与受力。固定式抱杆起吊一般采用 2—2 或 2—3 滑车组，牵引绳从抱杆顶端定滑车拉出后再经抱杆根部转向滑车，最后经人工绞磨牵引。但也有从抱杆顶定滑车引出后至抱杆根用手摇牵引，此方法操作人员始终在抱杆根部附近，安全性较差。牵引时若不考虑滑车组摩擦力，则人工绞磨受力为 $F=G/n$，G 为被吊电杆重量，n 为滑轮组滑轮总个数，使用 2—2 滑轮组时，$n=4$。

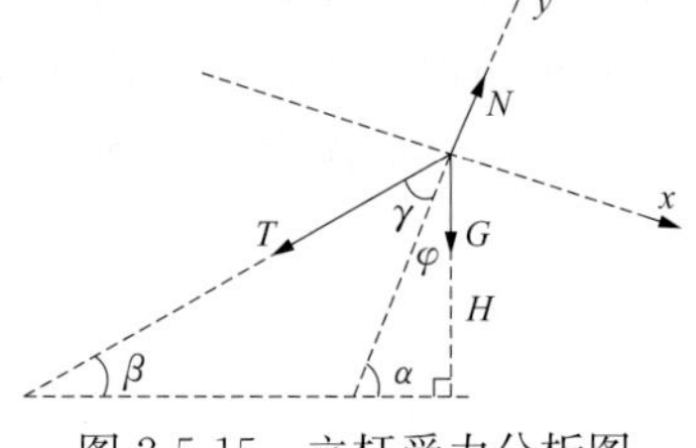

图 2-5-15 立杆受力分析图

（2）后风绳及抱杆受力。取抱杆顶为研究对象，其受力分析如图 2-5-15 所示。它在后缆风拉力 T、抱杆总压力 N、杆身重力 G 作用下处于平衡。可得

$$\tan\beta=\frac{H}{1.2L} \tag{2-5-1}$$

式中 H——抱杆有效高度，m；

L——抱杆长度，m。

已知 $\alpha=80°\sim85°$，即 $\varphi=5°\sim10°$，则

$$\gamma=180°-\beta-(180°-\alpha)=\alpha-\beta$$

由平衡方程 $\sum F_x=0$，得 $T\sin\gamma=G\sin\varphi$，故

$$T=G\sin\varphi/\sin\gamma \tag{2-5-2}$$

不难判断，施工中将抱杆放置直一点（即 φ 小），后缆风设置远一点（即 β 小），都会使后缆风绳受力减小，对起吊有利。

又由平衡方程 $\sum F_y=0$，得抱杆总压力 N 为

$$N=T\cos\gamma+G\cos\varphi=T\cos(\alpha-\beta)+G\cos\varphi \tag{2-5-3}$$

每根抱杆受力为 $R=NL/2H$（按抱杆根开对称分解）

而带牵引绳的抱杆受力为 $R'=R+F$ (2-5-4)

实际施工中要了解抱杆受力，正常情况按式（2-5-4）验算便可。

3. 固定式人字抱杆立杆过程相关问题分析

（1）现场布置问题。下面以组立 10m 电杆为例来说明现场布置情况：

1）抱杆临时拉线地锚布置。抱杆临时拉线用于固定抱杆，用 ϕ12mm 的钢丝绳，其拉线地锚位置距杆坑中心的距离为电杆高的 1.5 倍，一般取 15m。抱杆与地面夹角一般应为 90°。

2）电杆调整绳临时地锚布置。该位置应距杆坑中心为电杆高等的 1.2～1.5 倍，这里可以取 12m。电杆上半部应系 3 根临时调整绳（白棕绳），用于控制电杆倾斜，并立杆完成后对电杆进行校正。调整绳子系在杆顶下 300mm 处，每根调整绳长 25m。

3）绞磨布置。绞磨地锚位置从导向滑车计算应为杆高的 1.5 倍，一般取 15m 以上。从

导向滑车到牵引绳的方向应与抱杆风绳在地面投影平行。绞磨应摆放平正，主牵引绳在磨芯上缠绕5圈。

4）抱杆布置。

a）抱杆长度一般取电杆高度的1/2。

b）抱杆的根开一般取抱杆长度的1/4～1/3，具体情况根据现场来确定（2.5m左右），根开之间必须用钢丝绳锁牢；抱杆的头部固定1个5t的卸扣铁滑车，抱杆根部1侧布置1个3t的导向滑车。

c）抱杆座落点位置：抱杆座位离洞心为混凝土杆高的1/5，抱杆两腿连线应与中心线垂直。

5）抱杆风绳布置。

a. 抱杆风绳地锚位置为杆高的1.2～1.5倍；

b. 抱杆风绳采用钢丝绳，两根风绳应固定在抱顶处，面向混凝土杆起立方向前侧为前风绳，混凝土杆起立方向反方向为后风绳，风绳在地锚上固定，并用钢丝绳卡锁牢；

c. 风绳与竖立抱杆中心线夹角为60°，每根风绳子长度为8×2=16m，实际使用时要采用20m左右；风绳地锚、电杆坑中心、抱杆顶应该在同一条直线上。

（2）吊点的确定。对于等径杆，其重心位置在其杆身的1/2处；对于拔梢杆，其重心对杆根的距离约占全长的44%，若电杆长为L，其重心$H_O=0.44L$。

电杆吊点对杆根距离应为重心对杆根距离的1.1～1.5倍，即

$$H=(1.1\sim1.5)H_O$$

模块6 10kV直线杆横担安装操作

一、作业任务

完成10kV直线杆横担安装（包括横担、杆顶抱箍及绝缘子安装）。直线杆横担安装是农网配电线路施工或检修工作的主要内容之一。

二、引用文件

（1）《10kV及以下架空配电线路设计技术规程》（DL/T 5220—2005）。

（2）《电气装置安装工程66kV及以下架空电力线路施工及验收规范》（GB 50173—2014）。

（3）《国家电网公司生产岗位生产技能人员职业能力培训规范 第33部分：农网配电》（Q/GDW 232.33—2008）。

（4）《国家电网公司电力安全工作规程（配电部分）（试行）》（国家电网安规〔2014〕265号）。

（5）《农村低压电力技术规程》（DL/T 499—2001）。

（6）《农村电网低压电气安全工作规程》（DL/T 477—2010）。

（7）《农村低压安全用电规程》（DL 493—2015）。

（8）《配电网运行规程》（Q/GDW 519—2010）。

三、作业条件

（1）按本项工作要求选择与之匹配的材料。

（2）作业人员应具备符合本项作业要求的身体资格和技能素质。

（3）基础及拉线牢固、电根埋深符合设计规范要求，无倾覆可能。

（4）在工作中遇有6级以上大风以及雷电、大雨、冰雹、浓雾、沙尘暴等恶劣天气时，应停止工作。

（5）本项工作所选用的工器具应经试验合格并外观检查完好。

四、作业前准备

1. 危险点及预控措施

（1）危险点1：高处坠落。

预控措施：①加强作业过程的监护；②杆上作业必须戴好安全帽，使用安全带。安全带应系在电杆及牢固构件上，不得拴在横担或绝缘子上，应防止安全带从杆顶脱出。安全带严禁低挂高用；③踩板登杆过程中，作业人员不能出现剧烈摇晃，踩板钩口不能朝下。脚扣胶皮应与电杆紧密接触，严防出现登杆工具滑脱等不安全现象；④登杆前，应检查登杆工具及安全带是否牢固可靠，检查杆根、杆身、混凝土杆埋深及拉线有无问题。

（2）危险点2：高处坠物伤人。

预控措施：①上杆前检查登杆工具是否完好；②杆上作业必须将工具及零配件装在工具袋中，材料传递用绳索，严禁抛掷，作业区域应设围栏防止误伤行人；③地面工作人员正确使用绳结，拴牢材料；拴、收材料工具时，应离开杆上作业点垂直下方2m以外，防止高处坠物伤人；④杆上作业时，地面应有人监护。杆下坠物范围内不准站人，现场工作人员应戴安全帽；⑤尽量避免交叉作业，拆架或起重作业时，作业区域设警戒区，严禁无关人员进入。

（3）危险点3：感应电伤人。

预控措施：①高压带电、低压停电的杆塔作业，与高压带电部分应保持0.7m的安全距离并设专人监护；②对邻近有交叉、跨越、平行的带电线路，必须向作业人员交代清楚。

2. 工器具及材料选择

直线杆横担安装所需的工器具见表2-6-1。

直线杆横担安装所需材料见表2-6-2。

表2-6-1　　直线杆横担安装所需工器具

序号	名称	规格	单位	数量	备注
1	脚扣或升降板	450或0.8	副	1	
2	吊绳	ϕ11mm×20m	根	1	
3	安全带	双保险背负式	副	1	
4	工具包	电工用	个	1	
5	木榔头	大号	把	1	
6	活络扳手	250mm	把	2	
7	钢丝钳	150mm	把	1	
8	记号笔	油性	支	1	
9	钢卷尺	3m	只	1	

表2-6-2　　直线杆横担安装所需材料（适用于导线截面120mm² 以下）

序　号	名　称	规　格	单　位	数　量	备注
1	单顶抱箍	ϕ192mm	套	1	
2	陶瓷横担	S—210	条	2	
		S—210Z	条	1	
3	圆垫圈	ϕ16.5mm	个	10	
4	方垫板	5mm×50mm×ϕ16.5mm	片	3	
5	螺母	ϕ16mm	个	5	
6	镀锌螺栓	ϕ16mm×35mm	套	3	
		ϕ16mm×80mm	套	2	
7	角铁横担	∠6×63×920	块	1	
8	M垫铁	－6×60×710	块	1	
9	U形螺栓（抱箍）	ϕ210U	套	1	

3. 作业人员分工

本项目作业人员分工见表 2-6-3。

表 2-6-3　直线杆横担安装人员分工

序号	工作岗位	数量（人）	工作职责
1	工作负责人兼安全监护	1	现场指挥、组织协调、安全监护
2	操作人员	1	按图纸要求登高完成相应工作内容
3	辅助人员	1	地面协助登高工作人员完成相应工作内容

五、作业程序

1. 操作流程

本任务工作流程见表 2-6-4。

表 2-6-4　直线杆横担安装操作流程

序号	作业内容	作业标准	安全注意事项	责任人
1	前期准备工作	（1）按规程要求正确使用劳动防护用品，穿戴规范。 （2）逐一检查工器具 10kV 直线杆横担安装所需工器具如图 2-6-1 所示。工器具应外观良好，安全可靠。工器具检查如图 2-6-3 所示	安全带、升降板、脚扣一定要在检验合格周期以内，才可以使用	
2	材料的选择与检查	（1）金具在安装前应进行外观检查，且符合下列要求：①角铁横担无明显弯曲、变形，横担螺孔中心应在横担准线上，允许最大加工误差不超过 1mm；②螺栓丝扣均匀、光滑、螺杆与螺母配合紧密适当；③角铁横担、螺栓及金具附件表面光洁，无裂纹、毛刺、飞边、砂眼、气泡、锌皮剥落及锈蚀等现象。 （2）针式绝缘子瓷面光滑，无裂纹、缺釉、斑点、烧痕，瓷釉烧坏气泡等缺陷。 （3）抱箍镀锌良好，无锌皮剥落、锈蚀现象。 10kV 直线杆横担安装所需的材料如图 2-6-2 所示	抱箍应采用热加工成型，不得冷弯加工	
3	登杆前检查	（1）登杆作业前必须检查杆基是否牢固，培土是否下沉；对新立杆，在杆基未完全牢固以前严禁攀登。 （2）检查杆身是否倾斜，是否有纵、横向裂纹。普通钢筋混凝土电杆不得有纵向裂缝，横向裂缝宽度不应超过 0.1mm，长度不超过 1/3 杆身周长。 （3）检查混凝土杆埋深是否符合设计规范要求（一般水泥电杆都有 3m 标志）。 （4）对登杆工具和安全带做冲击试验	遇有冲刷、起土、上拔的电杆，应先培土加固或支好杆架或打临时拉绳后，再上杆	
4	登杆	（1）作业人员选择踩板或脚扣登杆。用脚扣登杆速度较快，容易掌握登杆方法，而使用升降板在杆上作业时更加灵活舒适。 （2）作业人员上杆起步的位置要选择线路的受电侧。 （3）始终沿同一方向上杆，不能螺旋形上杆。如图 2-6-4 所示	（1）工器具与杆身不能够强烈碰撞。 （2）动作安全无摇晃，上杆一次进入工作位置	

续表

序号	作业内容	作业标准	安全注意事项	责任人
5	进入工作位置	（1）上杆后一次性进入工作位置。 （2）登杆到位后，将安全带拴在身体上方牢固可靠处，高度不低于腰部。 （3）安全带拴好后，首先将钩环保险装置闭锁，才能作业。 （4）工作时，安全带应系牢固可靠的构件上，禁止系挂在移动或不牢固的物件上。不得系在棱角锋利处，安全带要高挂低用	（1）作业过程中，安全带挂钩必须挂在规定的位置或牢固可靠的位置。 （2）后备绳超 3m 以上使用时应加装缓冲装置	
6	工器具及材料传递	（1）杆上人员在提升材料的过程中，应使材料与杆身保持一定距离，以防材料损伤。 （2）传递材料时吊绳提升端与放下端不能位于作业人员同侧，以防止出现吊绳缠绕	严禁上下垂直作业，必要时设专用防护棚或其他隔离措施	
7	单顶抱箍及顶相绝缘子安装	（1）单顶抱箍安装位置在距杆顶 100～150mm 处用记号笔正确画印，确定安装位置。 （2）地面人员组装好单顶抱箍、横担。 （3）杆上作业员将吊绳头传递放下，地面人员系好单杆顶抱箍，杆上作业人员吊上单顶抱箍从杆顶套下，单顶抱箍应安装在受电侧方向并将单顶抱箍固定在画印处，紧固螺栓。 （4）按要求正确传递针式绝缘子并正确安装。 （5）安装好的单顶抱箍应符合下列要求：①单顶抱箍安装牢固，紧密，方向正确位置，无歪斜现象；②安装好的瓷横担绝缘子顺线路歪斜不大于 20mm；③安装好的杆顶抱箍应保证瓷棒绝缘子的顶槽与线路方向平行	（1）登杆作业时，地上人员应离开作业电杆安全距离以外。 （2）地上辅助人员应戴安全帽，防止高处坠物伤人	
8	角铁横担及边相绝缘子安装	（1）按照图纸要求，在距单顶抱箍 300～500mm 处用记号笔正确画印，确定横担安装位置。 （2）电杆上作业人员传递上滑轮及绳扣，挂于单顶抱箍上。放下绳头，地面人员系好横担（系倒背扣结）慢慢上拉至安装点略高处。 （3）杆上作业人员取下横担后，挺腰放于安全带上，拧开U形抱箍螺母，自外向内套入电杆，按规定距离调整好安装位置，校正方向及平整度后拧紧螺栓。 （4）安装陶瓷横担。（如图 2-6-5 所示）。 （5）安装好的角铁横担应符合下列要求：①横担安装牢固、方向正确平正，端部上下或左右歪斜不得大于 20mm；②横担孔是条眼儿的应加平垫，但最多每面不能超出两块；③U形抱箍应从电源侧穿入并用双螺母并紧；④直线杆的横担应安装在负荷侧（即受电侧），U形抱箍按规定加装平垫并戴双螺母；⑤金具上的各种联结螺栓的防松装置，如平垫、弹簧垫等应镀锌良好，弹力合适，厚度及规格符合规定。 安装完成的横担如图 2-6-6 所示	（1）传递工具应使用工具袋，较大的工具应固定在牢固的构件上，不准随便乱放。 （2）上下传递物件时，应用绳索将物件拴牢传递，严禁上下抛掷。 （3）杆上使用的小工具、小材料不能放在横担或其他构件上，应放在工具包内。 （4）螺母或销子不能含在口中	

续表

序号	作业内容	作业标准	安全注意事项	责任人
9	升降板或脚扣下杆	（1）作业人员使用脚扣时，先打好安全带，取下后备保护绳，用正确的方式匀速下杆。 （2）作业人员使用升降板时，先取下安全带，用正确的方式匀速下杆	严禁利用绳索、拉线上下杆塔或顺杆下滑	
10	清理工作现场	整理工具、清理工作现场材料	现场无遗留物	

2. 本模块主要操作示意图

（1）10kV 直线杆横担安装所需的工器具如图 2-6-1 所示。

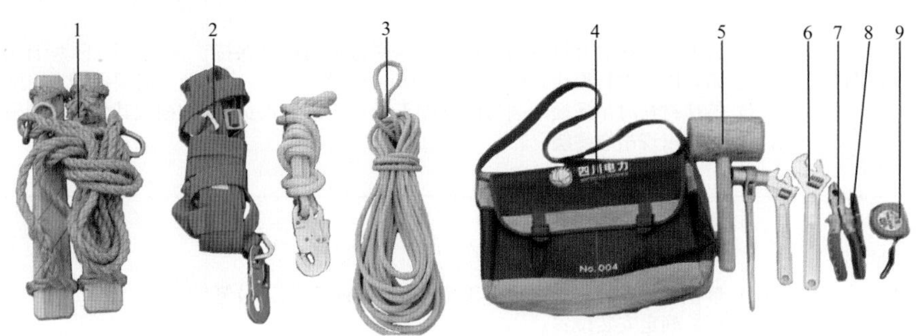

图 2-6-1 10kV 直线杆横担安装所需的工器具

1—升降板；2—安全带；3—吊绳；4—工具包；5—木榔头；6—活络扳手；7—钢丝钳；8—记号笔；9—钢卷尺

（2）直线杆横担安装所需的材料如图 2-6-2 所示。

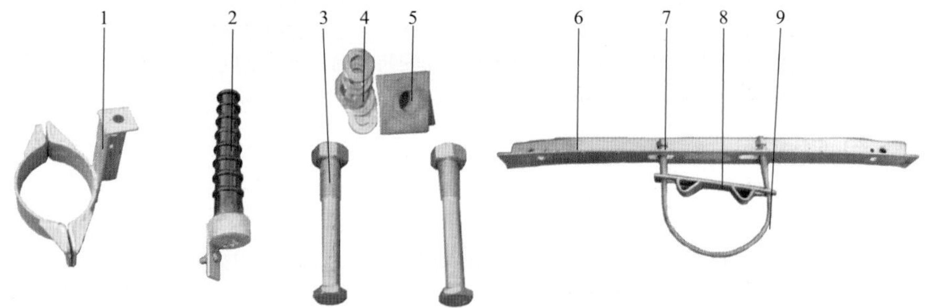

图 2-6-2 10kV 直线杆横担安装所需的材料

1—单顶抱箍；2—瓷横担；3—螺栓；4—圆垫片；5—方垫片；6—角铁横担；7—螺母；8—M 垫铁；9—U 形抱箍

（3）工器具检查如图 2-6-3 所示，登杆如图 2-6-4 所示。

（4）安装陶瓷横担如图 2-6-5 所示，横担安装完成如图 2-6-6 所示。

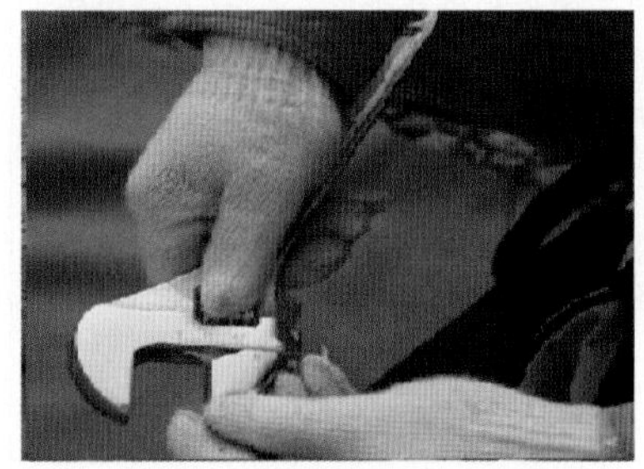

图 2-6-3 工器具检查

图 2-6-4 登杆

图 2-6-5　安装陶瓷横担

图 2-6-6　横担安装完成

六、相关知识

1. 角铁横担的安装

（1）直线杆的横担应安装在负荷侧（即受电侧）。

（2）在转角杆、分支杆、终端杆及受导线张力不平衡的地方，横担应安装在张力的反方向侧，如图 2-6-7 所示。

（3）上层横担应装在离杆顶 100mm 处。多层横担均应装在同一侧。双层横担如架设的是同一电压等级（如均为 380V）的低压线路，上层横担应按单横担要求安装，上、下层横担应相距 600mm；若下层是 380V，上层是 10kV 的高压线路，则上、下层横担应相距 1200mm；若上层是 35kV 线路，则应相距 2000mm。

（4）对于三层布设的横担，其相隔间距也应遵守上述标准。

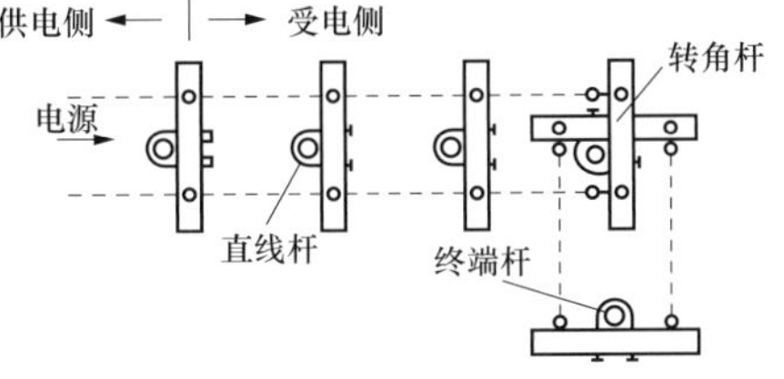

图 2-6-7　角铁横担安装示意图

（5）横担安装的注意事项：

① 横担的上沿应装在离顶杆 100mm 处，并应装得水平。其倾斜度不得大于 1%。

② 导线为水平排列时，上层横担距杆顶距离不宜小于 200mm。

③ 在直线段内，每档电杆上的横担必须互相平行。

④ 在安装横担时，必须使两个固定螺栓承力相等。在安装时，应分次交替地拧紧两侧两个螺栓上的螺母。

⑤ 横担安装应平整，横担端部上下歪斜不超过 20mm，横担端部左右扭斜不超过 20mm。

2. 瓷横担安装

（1）瓷横担直线杆上有横担和绝缘子的双重作用，它的绝缘性能较好，断线时能自行转动，不会导致因一处断线而扩大事故。

（2）瓷横担绝缘子的安装方法如图 2-6-8 所示。绝缘子在直立安装时，顶端顺线路歪斜不应大于 10mm。

（3）在水平安装时，顶端应向上翘起 5°～15°，如图 2-6-9 所示。顶端顺线路歪斜不应大于 20mm。在转角杆上安装瓷横担绝缘子时，顶端竖直安装的瓷横担支架应安装在转角的内角侧（瓷横担绝缘子应装在支架的外角侧）。

（4）瓷横担安装好后，应使瓷横担中心轴线与角铁横担中心轴线一致。

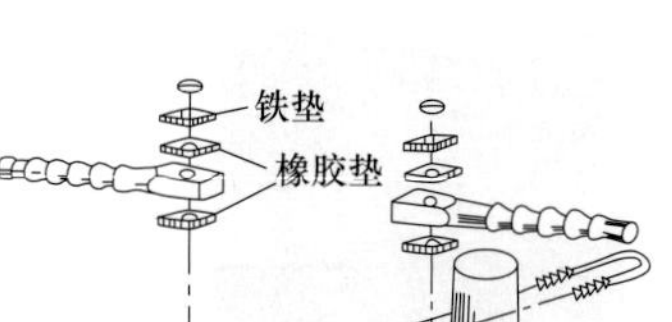

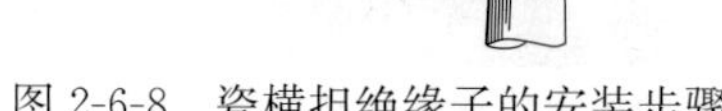

图 2-6-8 瓷横担绝缘子的安装步骤

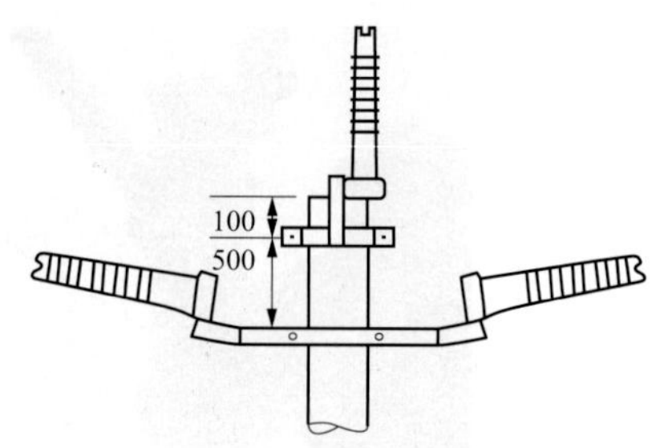

图 2-6-9 瓷横担绝缘子的安装

（5）安装时应清除表面灰垢、附着物及不应有的涂料。

（6）瓷横担安装注意事项：

1）绝缘子的额定电压应符合线路电压等级要求。安装前检查其有无损坏，并用 2500V 绝缘电阻表（兆欧表）测试其绝缘电阻，该值不应低于 300MΩ。

2）紧固横担和绝缘子等各部分的螺栓直径应大于 16mm，绝缘子与铁横担之间应垫一层薄橡皮或石棉垫，以防紧固螺栓时压碎绝缘子。

3）螺栓应由上向下插入绝缘子中心孔，螺母要拧在横担下方，螺栓两端均需套垫圈。

4）螺母需拧紧，但不能压碎绝缘子。

5）绝缘子的组装方式应防止瓷裙积水。耐张串上的弹簧销子、螺栓及穿钉应由上向下穿。悬垂串上的弹簧销子、螺栓及穿钉应向受电侧穿入。

6）安装绝缘子采用的闭口销或开口销不应有断、裂缝等现象。工程中严禁用线材或其他材料代替闭口销或开口销。

7）全瓷式瓷横担绝缘子的固定处应加软垫。

8）安装应牢固，连接可靠，防止积水。

3. 螺栓穿入的要求

（1）水平方向安装的螺栓应由内向外穿入，垂直方向安装的螺栓应由下向上穿入。

（2）顺线路方向安装螺栓时，双面构件由内向外（如：耐张线夹、防震锤等），单面构件由送电侧向受电侧或按统一方向；横线路方向安装螺栓时，两侧由内向外，中间由左向右（面向受电侧）或统一方向。

（3）安装牢固，连接可靠。螺杆应与构件面垂直，螺头平面与构件间不应有间隙。螺栓紧好后，螺杆丝扣露出的长度，单螺母不应少于两个螺距；双螺母可与螺母相平。当必须加垫圈时，每端垫圈不应超过 2 个。

模块7 220V停电验电、挂接地线及单横担安装

一、作业任务

在停电的220V线路上完成验电、挂接地线及单横担安装工作。

二、引用文件

（1）《10kV及以下架空配电线路设计技术规程》（DL/T 5220—2005）。

（2）《电气装置安装工程66kV及以下架空电力线路施工及验收规范》（GB 50173—2014）。

（3）《国家电网公司生产岗位生产技能人员职业能力培训规范 第33部分：农网配电》（Q/GDW 232.33—2008）。

（4）《国家电网公司电力安全工作规程（配电部分）（试行）》（国家电网安质〔2014〕265号）。

（5）《农村低压电力技术规程》（DL/T 499—2001）。

（6）《农村电网低压电气安全工作规程》（DL/T 477—2010）。

（7）《农村低压安全用电规程》（DL 493—2015）。

（8）《配电网运行规程》（Q/GDW 519—2010）。

三、作业条件

杆上施工作业应在良好的天气下进行。如遇雷（可闻雷声或可见闪电）、雨、雾不得进行杆上作业，风力大于5级、天气温度高于37℃，一般不宜进行杆上施工作业。

四、作业前准备

1. 危险点及预控措施

（1）危险点1：作业人员误登杆塔。

预控措施：登杆塔前，作业人员应核对停电检修线路的双重名称无误，方可工作。

（2）危险点2：坠物伤人。

预控措施：作业人员应戴好安全帽，严禁在作业点正下方逗留。杆塔上无法避免交叉作业时，应做好防落物伤人的措施，作业时要相互照应，密切配合。

（3）危险点3：高空坠落。

预控措施：杆塔上工作的作业人员必须正确使用安全带、保险绳两道保护。杆塔上作业时安全带应系在牢固的构件上，高空作业中不得失去双重保护，转向移位时不得失去一重保护。

2. 工器具及材料选择

220V停电验电、挂接地线及单横担安装任务所需工器具见表2-7-1。

表 2-7-1　　220V 停电验电、挂接地线及单横担安装任务所需工器具

序号	名称	规格	单位	数量	备注
1	验电器	220V 电压等级	个	1	
2	接地线	220V 电压等级	组	1	
3	活络扳手	250mm、300mm	把	2	各一把
4	平口钳	150mm	把	1	
5	钢卷尺	5m	把	1	
6	记号笔		支	1	
7	吊绳	ϕ11mm×20m	根	1	
8	脚扣或升降板	450 或 0.8	副	1	

220V 停电验电、挂接地线及单横担安装任务所需材料见表 2-7-2。

表 2-7-2　　220V 停电验电、挂接地线及单横担安装任务所需材料

序号	名称	规格	单位	数量	备注
1	横担	∠75×8×800mm	块	1	
2	M 垫铁	−60×6×200	块	2	
3	U 形抱箍	ϕ230mm	只	1	
4	蝶式绝缘子	—	个	2	
5	方垫片	−40×4mm	片	4	
6	螺母	210	个	4	

3. 作业人员分工

本任务作业人员分工见表 2-7-3。

表 2-7-3　　220V 停电验电、挂接地线及单横担安装任务分工

序号	工作岗位	数量（人）	工作职责
1	工作负责人兼安全监护	1	现场指挥、组织协调、安全监护
2	杆上操作人员	1	负责本次验电、挂接地线及单横担安装作业
3	辅助人员	1	负责本次作业过程的地面辅助工作

五、作业程序

1. 操作流程

本任务工作流程见表 2-7-4。

表 2-7-4　　220V 停电验电、挂接地线及单横担安装操作流程

序号	作业内容	作业标准	安全注意事项	责任人
1	前期准备工作	（1）工作服、工作鞋、安全帽、劳保手套穿戴正确。 （2）工作负责人进行现场查勘，到现场核对线路名称、杆号，作业条件、设备情况及交叉跨越情况。 （3）工作负责人召集全体人员宣读工作票、作业票，交代工作地段、停电地段、带电部分、危险点及预控安全措施、工作任务、人员分配，设专职监护人等情况。检查全体作业人员是否戴好安全帽，人员应规范着装，穿长袖棉质衣服、穿软底绝缘鞋、戴手套	进入工作现场工作负责人得到工作许可人许可后，查看、核对现场措施与工作票、作业票是否相符合（不完备应补充安全措施），查看、核对无误后办理许可手续	

续表

序号	作业内容	作业标准	安全注意事项	责任人
2	工器具及材料的检查	（1）工器具的检查，本模块所需工器具如图2-7-1所示，应符合以下要求：①使用合格的成套的短接地线，检查连接处是否牢固；②使用合格的相应电压等级的验电器：首先检查验电器是否良好、有效，并在电压等级相适应的带电设备上检查报警正确；③使用合格的绝缘手套、安全带、登高工具；④脚扣或登高板做外观检查是否完好无损、试验日期是否超期；⑤吊绳完好，无霉变、断股、散股；⑥登杆工具、安全带必须做冲击试验。 （2）材料的检查，本模块所需材料如图2-7-2所示，应符合以下要求：①角铁横担无明显弯曲，变形，横担螺孔中心应在横担准线上，允许最大加工误差不超过1mm。角铁横担、螺栓及金具附件表面光洁，无裂纹、毛刺、飞边、砂眼、气泡、锌皮剥落及锈蚀等现象；②螺栓丝扣均匀、光滑、螺杆与螺母配合紧密适当；③瓷横担及蝴蝶式绝缘子瓷面光滑，无裂纹、缺釉、斑点、烧痕，瓷釉烧坏气泡等缺陷。瓷横担的弯曲度不应大于2%；④抱箍镀锌良好，无锌皮剥落、锈蚀现象	工器具外观检查合格，无损伤、变形现象	
3	登杆	（1）登杆前应对杆基、拉线进行检查：杆身无纵、横向裂纹，杆基牢固、培土无下沉，拉线无松动。 （2）安装接地线的接地极。连接点牢固，接地棒打入地下深度不低于0.6m。 （3）离地面30cm对脚扣或登高板做冲击试验，对安全带做拉力试验，试验完毕后再做一次外观检查。 （4）登杆过程中根据杆径调整好脚扣大小，避免发生打滑现象，动作应规范，熟练，如图2-7-3所示。 （5）工作位置选择合适，安全带应系在牢固构件上，扣环扣牢，防止从杆顶滑出，吊物绳系绑正确		
4	验电	（1）验电时站位正确：宜工作且无触电危险的位置，如图2-7-4所示。 （2）使用正确的方法验电：验电时必须戴绝缘手套。对线路的验电应逐相进行，按照先验低压，后验高压，先验下层，后验上层，先验近侧，后验远侧的顺序	（1）人体不可接触到带电体。 （2）必须使用试验合格，在有效期内，符合该线路电压等级的验电器。 （3）验电过程中人员必须与设备保持安全距离（0.7m）。 （4）在验电过程中必须使用合格的绝缘手套	
5	挂接地线	（1）作业人员按工作票要求挂接地线，发现有感应电压反映在停电线路上的，按要求在就近工作点加挂地线。 （2）挂接地线时，应先接接地端，后接导线端；先挂低压，后挂高压；先挂下层，后挂上层；先挂近端，后挂远端。 （3）安全正确挂接地线后汇报工作负责人，如图2-7-5所示	装设接地线时，应使用绝缘手套，人体不得触碰接地线，不允许采用缠绕方式装设接地线	
6	横担安装	（1）在杆上量取距离上横担距离400mm处划印，确定横担安装基线，放下传递绳，地面人员将横担绑好，杆上作业人员将横担吊起。 （2）杆上作业人员调整好站立位置，将横担举起，把横担上的U形抱箍从杆顶套入电杆，将螺母分别用手拧紧，调整横担位置、方向及水平，再用活络扳手固定，如图2-7-6所示。	（1）接户线横担面向受力反方向侧安装，与接户线方向垂直。 （2）接户线横担安装应平正。	

续表

序号	作业内容	作业标准	安全注意事项	责任人
6	横担安装	（3）检查横担安装位置，应在横担准线处，距上横担400mm。 （4）地面工作人员配合杆上人员观察，调整横担是否水平和顺线路方向垂直，确认无误后再次紧固。 （5）杆上作业人员解开传递绳并送下，把绝缘子调到杆上并安装在横担上，如图2-7-7所示	（3）U形抱箍安装水平，戴双螺母并露丝扣，平垫个数不得超过两个。 （4）蝶式绝缘子螺栓穿入方向应从上向下	
7	拆除接地线	（1）拆除接地线时，应先拆导线端，后拆接地端。先拆上层，后拆下层，先拆远端，后拆近端，如图2-7-8所示。 （2）拆除接地线后汇报工作负责人	（1）人体不得触碰接地线。 （2）人体与导线的距离必须保持安全距离（0.7m）	
9	下杆	横担安装完成，工作负责人检查线路检修地段的状况以及在杆塔上、导线上以及绝缘子上有无遗留的工具、材料等，下令杆上作业人员下杆	下杆动作应规范、安全、熟练	
10	工作结束	工作负责人召集所有工作人员召开班后会，对本次工作进行总结，组织作业人员清理现场，并将所用工器具清洁后整齐收好	作业现场不得有遗留物	

2. 本模块主要的操作示意图

（1）本模块所需的工器具如图2-7-1所示。

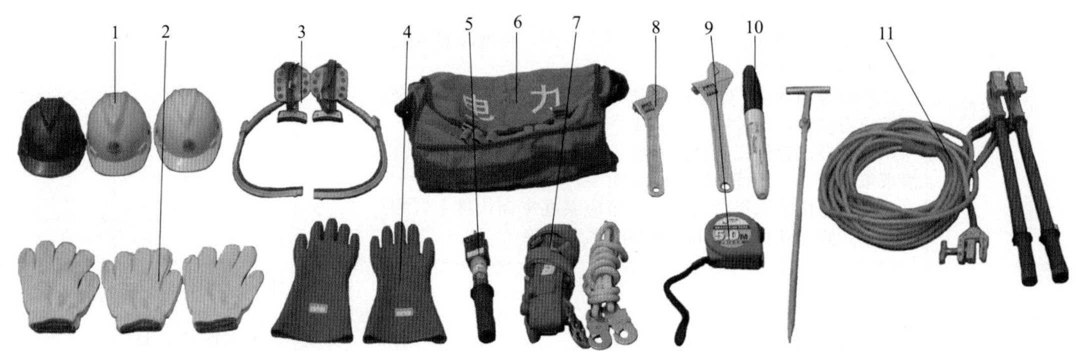

图2-7-1　工器具

1—安全帽；2—劳保手套；3—脚扣；4—绝缘手套；5—220V低压验电器；6—工具包；7—安全带；8—活络扳手；9—钢卷尺；10—记号笔；11—低压接地线

（2）本模块所需的材料如图2-7-2所示。

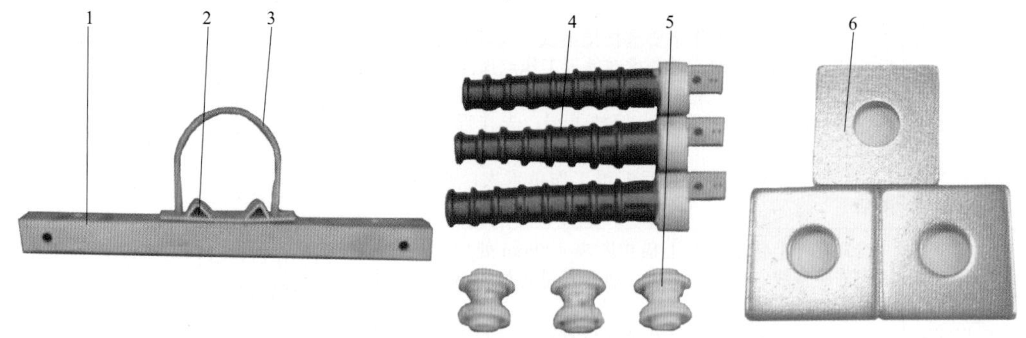

图2-7-2　本模块所需的材料

1—角铁横担；2—M垫铁；3—U形抱箍；4—瓷横担绝缘子；5—瓷绝缘子；6—方形垫片

（3）登杆如图 2-7-3 所示，验电如图 2-7-4 所示。

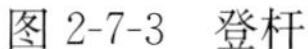

图 2-7-3　登杆

图 2-7-4　验电

（4）挂接地线如图 2-7-5 所示，安装横担如图 2-7-6 所示。

图 2-7-5　挂接地线

图 2-7-6　安装横担

（5）安装绝缘子如图 2-7-7 所示，拆除接地线如图 2-7-8 所示。

图 2-7-7　安装绝缘子

图 2-7-8　拆除接地线

六、相关知识

1．停电、验电、挂接地线操作规程

（1）线路作业前，应做好下列停电措施：

1）断开发电厂，变电站（包括客户）线路刀闸和开关。

2）断开需要工作班操作的线路各端开关、刀闸和可熔熔断器。

3）断开危及该线路停电作业，且不能采取安全措施的交叉跨越、平行和同杆线路的开关和刀闸。

4）断开有可能反回低压电源的开关和刀闸。

（2）应检查断开后的开关和刀闸是否在断开位置，开关和刀闸的操动机构应加锁，跌落保险器的保险应摘下，并应在开关或刀闸操动机构上悬挂，线路有人操作，禁止合闸的标示牌。

（3）在停电线路工作地段装接地线前，要首先验电，验明线路确无电压，验电要用合格的验电器，35kV及以上的线路，可用合格的绝缘杆或专用的绝缘绳验电，验电时绝缘棒的验电部分应逐渐接近导线，听其有无放电声，确定线路是否正确无电压，验电时应戴绝缘手套，并有专人监护。

（4）线路的验电应逐相进行，联络用的开关或刀闸检修时，应在两侧验电。同杆塔架设的多层电力线路进行验电时，先验低压，后验高压，先验下层，后验上层。

（5）线路经过验明确实无电压后，各工作班（组）应立即在工作地段两端挂接地线，凡有可能送电到停电线路的分支线也要挂接地线，若有感应电压反映在停电线路上时，应加挂接地线。

（6）同杆塔架设的多层电力线路挂接地线时，应先挂低压，后挂高压，先挂下层，后挂上层。

（7）挂接地线时，应先接接地端，后接导线端，接地线要可靠，不准缠绕，拆接地线时的程序与此相反。装、拆接地线时，工作人员应使用绝缘棒或绝缘手套，人体不得碰触接地线。

（8）接地线应有接触地和短路导线构成的成套接地线，成套接地线必须用多股软铜线组成其截面不得小于25mm^2，如利用铁塔接地时，允许每相个别接地，但铁塔与接地线连接部分应清除油漆，接触良好。严禁使用其他导线作接地线和短路线。

2. 横担

横担是指杆塔顶部横向固定的角铁，上面有绝缘子，用来支撑架空线的。横担是杆塔中重要的组成部分，它的作用是用来安装绝缘子及金具以支承导线、避雷线，并使之按规定保持一定的安全距离。

横担按用途可分为直线横担、转角横担、耐张横担。按材料可分为铁横担、瓷横担、合成绝缘横担。

直线横担：只考虑在正常未断线情况下，承受导线的垂直荷重和水平荷重。

耐张横担：承受导线垂直和水平荷重外，还将承受导线的拉力。

转角横担：除承受导线的垂直和水平荷重外，还将承受较大的单侧导线拉力。

根据横担的受力情况，对直线杆或15°以下的转角杆采用单横担，而转角在15°以上的转角杆、耐张杆、终端杆、分支杆皆采用双横担。

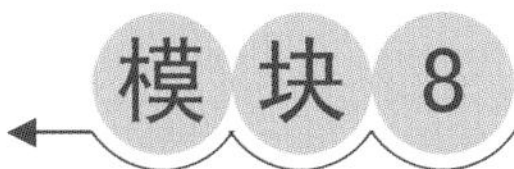

模块 8 10kV耐张杆双横担及杆顶安装

一、作业任务

完成 10kV 耐张杆双横担及杆顶安装。

二、引用文件

（1）《10kV 及以下架空配电线路设计技术规程》（DL/T 5220—2005）。

（2）《电气装置安装工程 66kV 及以下架空电力线路施工及验收规范》（GB 50173—2014）。

（3）《国家电网公司生产岗位生产技能人员职业能力培训规范 第 33 部分：农网配电》（Q/GDW 232.33—2008）。

（4）《国家电网公司电力安全工作规程（配电部分）（试行）》（国家电网安质〔2014〕265 号）。

（5）《农村低压电力技术规程》（DL/T 499—2001）。

（6）《农村电网低压电气安全工作规程》（DL/T 477—2010）。

（7）《农村低压安全用电规程》（DL 493—2015）。

（8）《配电网运行规程》（Q/GDW 519—2010）。

三、作业条件

1. 危险点及预控措施

（1）危险点 1：误登杆塔。

预控措施：作业人员应先核对停电线路的双重称号无误后，方可进行登杆作业。

（2）危险点 2：杆塔倾倒。

预控措施：登杆作业前应对电杆及拉线周围起土、冲刷下沉、开挖等检查，包括电杆纵横向裂纹，电杆的埋深是否满足规程要求，拉线金具锈蚀情况及是否紧固。

（3）危险点 3：工器具失效。

预控措施：登杆前首先对登杆工具、安全带进行外观检查，安全工器具是否在试验合格期内，安全工器具应做冲击试验。

（4）危险点 4：高处坠物。

预控措施：①为防止高空坠物打击，作业现场必须戴好安全帽，作业下方应增设围栏，严禁有人在作业下方逗留；②杆上操作前注意观察高处设备的相关构件有无开裂、脱焊和严重锈蚀、变形及紧固件松动等异常；③高处作业应使用工具袋，上下传递工具、材料必须使用绳索，严禁上下抛掷。

（5）危险点 5：高处坠落。

预控措施：①为防止杆上作业人员高空坠落，杆上作业人员必须正确使用安全带，后备保护绳。不得失去防高处坠落安全保护措施；②安全带应挂在牢固的构件上，防止锋利物刮伤安全带，安全带应高挂低用。

2. 工器具及材料选择

完成 10kV 耐张杆双横担及杆顶安装所需工器具与材料见表 2-8-1。

表 2-8-1　　完成 10kV 耐张杆双横担及杆顶安装所需工器具与材料

序　号	名　称	规　格	数　量	单　位	备　注
1	升降板	2m	1	副	
2	安全带	双保险背负式	1	根	
3	后备保护绳	ϕ16mm×2.5m	1	根	
4	安全帽		3	顶	
5	吊绳	ϕ14mm×20m	1	根	
6	滑车	1t	1	个	
7	绳套	ϕ14mm	1	根	
8	木榔头	大号	1	把	
9	个人工器具		1	套	
10	角铁横担	∠63×6×1700 R=95	2	根	
11	单顶抱箍	R=95	1	副	
12	角铁拉铁	∠63×6×450	2	根	
13	单联弯头	W-7	6	只	
14	球头挂环	Q-7	6	只	
15	直角挂板	Z-7	6	套	
16	耐张线夹	NLD-1	6	套	
17	二眼连板	PD-7	2	只	
18	悬式绝缘子	X-4.5	12	片	
19	瓷横担	S-210	1	根	
20	螺栓	ϕ16mm×280mm	4	套	
21	螺栓	ϕ16mm×75mm	2	套	
22	螺栓	ϕ16mm×35mm	5	套	

3. 作业人员分工

本任务作业人员分工见表 2-8-2。

表 2-8-2　　完成 10kV 耐张杆双横担及杆顶安装人员分工

序　号	工作岗位	数量（人）	工作职责
1	工作负责人兼安全监护	1	现场指挥、组织协调、安全监护
2	操作电工	1	准备工器具、选择材料、杆上操作
3	辅助人员	1	地面辅助人员

四、作业程序

1. 操作流程

10kV 耐张杆双横担及杆顶安装操作流程见表 2-8-3。

表 2-8-3　　10kV 耐张杆双横担及杆顶安装操作流程

序　号	作业内容	作业标准	安全注意事项	责任人
1	前期准备工作	（1）工作服、工作鞋、安全帽、劳保手套穿戴正确。 （2）现场核对线路名称、杆号，根据勘察情况、对施工方案进行编制。如图 2-8-1 所示		
2	工器具	（1）个人工具：一次性准备完工器具（活络扳手 2 把、画印笔、钢卷尺、工具包等）。 （2）专用工具：踩板或脚扣操作者自选一件、安全带、吊绳。 本模块所需的工器具如图 2-8-3 所示	工器具外观检查合格，无损伤、变形现象	
3	材料准备	根据图纸正确选择横担、金具、绝缘子及附件，如图 2-8-4 所示 （1）根据图纸需要准备绝缘子，应满足下列条件：①采用 2500V 绝缘电阻表测量绝缘子的绝缘电阻合格后，方可使用；②瓷件和铁件结合紧密，铁件镀锌完好；③瓷釉表面光滑、完整，无气泡、斑点、烧伤和缺釉现象。 （2）按照图纸需要选取热镀锌横担及金具	（1）横担无锈蚀、变形。 （2）横担及金具应型号应符合图纸需要	
4	班前会	（1）工作负责人认真核对线路名称及杆号，列队向全体作业人员宣读工作票。 （2）交代工作内容、施工方案、停电范围，带电部位，本次作业的“危险点”及控制措施，以及其他注意事项，现场作业人员全部清楚后，逐个在工作票上签字确认，如图 2-8-2 所示		
5	登杆前检查	（1）杆身是否倾斜，是否有纵、横向裂纹。 （2）杆根是否牢固、培土是否下沉。 （3）登新立起的电杆，只有在杆基回土夯实完全牢固后，方可登杆作业。 （4）安全带、踩板或脚扣做冲击试验；（脚扣必须单腿做冲击试验）。 （5）增加登杆前详细核对停电线路的双重称编号无误后，方可进行登杆作业		

续表

序号	作业内容	作业标准	安全注意事项	责任人
6	登杆	作业人员采用登杆工具沿同一方向上杆，不能螺旋形上杆		
7	进入工作位置	（1）上杆后一次进入工作位置。 （2）安全带使用正确。 （3）脚扣不得交叉。 （4）使用踩板时钩口朝上		
8	工器具、材料传递	（1）在传递横担时正确使用绳扣采用横担与电杆平行方式匀速传递。 （2）吊绳不能在同侧上下，不得出现缠绕；物件起吊过程无碰撞	工具、材料必须用绳索传递，严禁上下抛掷	
9	杆顶抱箍及瓷棒安装	（1）杆顶抱箍安装距杆顶100mm，位置、方向正确；无歪斜现象。如图2-8-5所示。 （2）安装瓷横担绝缘子歪斜不大于20mm，如图2-8-6所示		
10	横担、角铁挂座安装	（1）横担螺栓中心距杆顶抱箍锁口螺栓中心300mm，要求位置、方向正确平正；左右、上下偏斜不大于20mm。 （2）横担孔是条眼的加平垫；但最多每面不能超出两块。 （3）两块角铁挂座角内向电杆内侧安装，螺栓由下向上穿入。 如图2-8-7为双横担安装	横担中心紧固螺栓应使用双螺母。两块角铁挂座角内向电杆内侧安装，螺栓穿向按规范要求	
11	悬式绝缘子串安装	（1）悬式绝缘子串选用正确（根据图纸的导线型号选择）。 （2）碗头及悬式绝缘子大碗口向上。 （3）螺栓、弹簧销、闭口销穿向正确。 （4）悬式绝缘子安装后进行清扫。 如图2-8-8所示	（1）金具螺栓由上往下穿，两边相由内向外穿、中间相由左向右穿。 （2）弹簧销由上向下穿。 （3）闭口销垂直面由上往下穿，水平面由内向外穿，中间相面对受电侧由左向右穿	
12	耐张线夹安装	（1）耐张线夹安装选用正确。（根据图纸的导线型号选择）。 （2）销钉及开口销安装正确。中相面向受电侧从左向右穿；开口销从上向下穿		

续表

序　号	作业内容	作业标准	安全注意事项	责任人
13	下杆	检查杆上工作已完成并无遗留物后下杆		
14	工作结束	清理现场，并将所用工器具清洁后整齐收好		

2. 本模块的主要操作示意图

(1) 现场查勘如图 2-8-1 所示，班前会如图 2-8-2 所示。

(2) 本模块使用的工器具如图 2-8-3 所示。

图 2-8-1　现场查勘

图 2-8-2　班前会

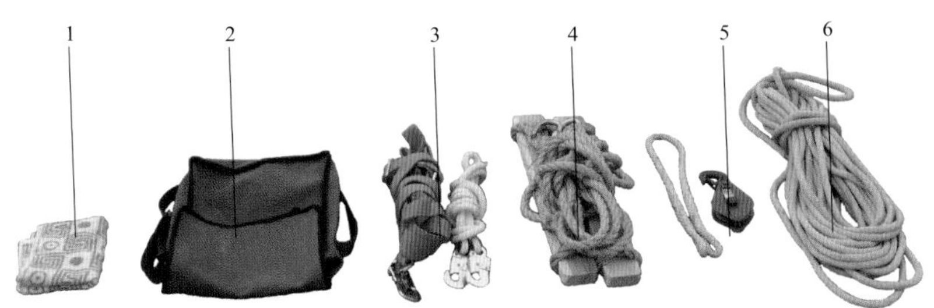

图 2-8-3　工器具

1—毛巾；2—工具包；3—安全带；4—升降板；5—滑车；6—吊绳

(3) 10kV 耐张杆双横担及杆顶安装所需的材料如图 2-8-4 所示。

图 2-8-4　耐张杆双横担及杆顶安装所需材料

(4) 杆顶抱箍安装如图 2-8-5 所示，瓷横担安装如图 2-8-6 所示。

(5) 双横担安装如图 2-8-7 所示，悬式绝缘子串安装如图 2-8-8 所示。

图 2-8-5 杆顶抱箍安装

图 2-8-6 瓷横担绝缘子安装

图 2-8-7 双横担安装

图 2-8-8 悬式绝缘子串安装

五、相关知识

1. 金具的用途

金具在架空电力线路及配电装置中，主要用于支持、固定和续接裸导线、导体及绝缘子连成串，也用于保护导线或绝缘子。

2. 金具的分类

(1) 按金具的主要性能和用途，金具大致可分为以下几类：

1) 悬吊金具，又称支持金具或悬垂线夹。这种金具主要用来悬挂导线绝缘子串上（多用于直线杆塔）及悬挂跳线于绝缘子串上。

2) 锚固金具，又称紧固金具或耐线线夹。这种金具主要用来紧固导线的终端，使其固定在耐线绝缘子串上，也用于避雷线终端的固定及拉线的锚固。锚固金具承担导线、避雷线的全部张力，有的锚固金具变作为导电体。

3) 连接金具，又称挂线零件。这种金具用于绝缘子连接成串及金具与金具的连接。它承受机械载荷。

4) 接续金具，这种金具专用于接续各种裸导线、避雷线。接续承担与导线相同的电气负荷，大部分接续金具承担导线或避雷线的全部张力。

5) 防护金具，这种金具用于保护导线、绝缘子等，如保护绝缘子用的均压环，减弱导线振动用的防振锤、护线条等。

6) 接触金具，这种金具用于硬母线、软母线与电气设备的出线端子相连接，导线的 T 接及不承力的并线连接等，这些连接处是电气接触。因此，要求接触金具的较高的导电性能和接触稳定性。

7) 固定金具，又称电厂金具或大电流母线金具。这种金具用于配电装置中的各种硬母线或软母线与支柱绝缘子的固定、连接等，大部分固定金具不作为导电体，仅起固定、支持和悬吊的作用。但由于这些金具是用于大电流，故所有元件均应无磁滞损失。

（2）根据电力金具手册，电力金具可以分为：架空线路电力金具、屋内外配电装置金具和配电线路金具。如图 2-8-9 所示。

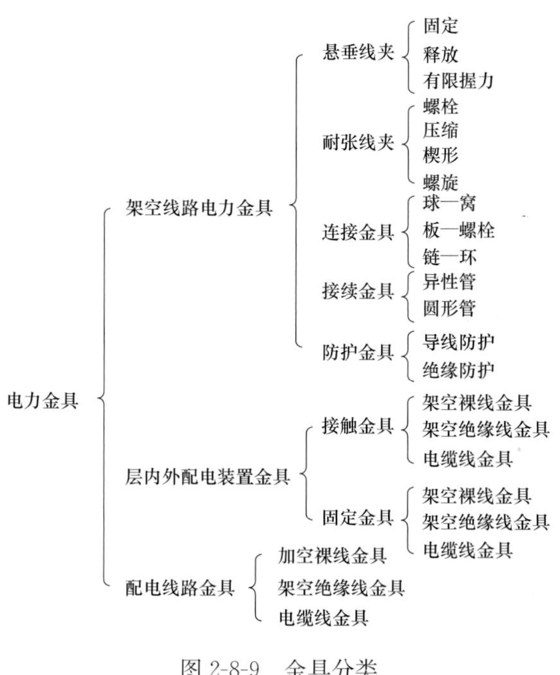

图 2-8-9 金具分类

模块 9 导线在绝缘子上的侧绑与顶绑及蝶式绝缘子终端绑扎

一、作业任务

独立完成导线在绝缘子上的侧绑、顶绑及蝶式绝缘子终端绑扎。

二、引用文件

（1）《10kV 及以下架空配电线路设计技术规程》（DL/T 5220—2005）。

（2）《电气装置安装工程 66kV 及以下架空电力线路施工及验收规范》（GB 50173—2014）。

（3）《国家电网公司生产岗位生产技能人员职业能力培训规范 第 33 部分：农网配电》（Q/GDW 232.33—2008）。

（4）《国家电网公司电力安全工作规程（配电部分）（试行）》（国家电网安质〔2014〕265 号）。

（5）《农村低压电力技术规程》（DL/T 499—2001）。

（6）《农村电网低压电气安全工作规程》（DL/T 477—2010）。

（7）《农村低压安全用电规程》（DL 493—2015）。

（8）《配电网运行规程》（Q/GDW 519—2010）。

三、作业条件

（1）导线在绝缘子上的绑扎工作是户外及杆上作业的项目，高处作业在良好的天气进行，风力不能大于 6 级且无雷暴雨、大雾天气。

（2）在配电线路培训场地停电线路上进行。作业现场应增装设围栏，并挂好警示标示牌。

四、作业前准备

1. 危险点及预控措施

（1）危险点 1：误登杆塔。

预控措施：作业人员应先核对停电线路的双重编号无误后，方可进行登杆作业。

（2）危险点 2：杆塔倾倒。

预控措施：登杆作业前应对电杆及拉线周围起土、冲刷下沉、开挖等，包括电杆纵横向裂纹，电杆的埋深是否满足规程要求，拉线金具锈蚀情况及是否紧固。

（3）危险点3：工器具失效。

预控措施：登杆前首先对登杆工具、安全带进行外观检查，脚扣有无脱焊，螺栓、销钉是否完好齐全，防滑胶垫磨损、脱落，升降板有无裂纹断股、霉变，检查登杆是否在试验合格期内，安全工器具应做冲击试验。

（4）危险点4：高处坠物。

预控措施：①为防止高空坠物物体打击，作业现场必须戴好安全帽，作业下方应增设围栏，严禁有人在作业下方逗留；②杆上操作前注意观察高处设备的相关构件有无存在开裂、脱焊和严重锈蚀、变形及紧固件松动等异常；③高处作业应使用工具袋，上下传递工具、材料必须使用绳索，严禁上下抛掷。

（5）危险点5：高处坠落。

预控措施：①为防止杆上作业人员高空坠落，杆上作业人员必须正确使用安全带，后备保护绳。不得失去防高处坠落安全保护措施。②安全带应挂在结实牢固的构件上，防止锋利物刮伤安全带，安全带应高挂低用。

2. 工器具及材料选择

本模块所需要的工器具及材料见表2-9-1。

表2-9-1　导线在绝缘子上的绑扎工器具及材料表

序号	名称	规格	单位	数量	备注
1	升降板		副	1	
2	安全帽		个	1	
3	安全带	双保险背负式	根	1	
4	平口钳	200mm	个	1	
5	钢卷尺	5m	把	1	
6	工具包	电工用	个	1	
7	绑扎线	单股铝线	根	3	

3. 作业人员分工

本项目作业人员分工见表2-9-2。

表2-9-2　导线在绝缘子上的绑扎人员分工表

序　号	工作岗位	数量（人）	工作职责
1	工作负责人兼安全监护	1	负责本次工作任务的人员分工、工作前的现场勘察、作业方案的制定、召开工作班前会、负责作业过程中的安全监督、工作中突发情况的处理、工作质量的监督、工作后的总结
2	操作电工	1	负责导线在绝缘子上的绑扎工作

五、作业程序

1. 操作流程

本任务工作程序见表2-9-3。

表2-9-3　导线在绝缘子上的绑扎流程

序号	作业内容	作业标准	安全注意事项	责任人
1	前期准备工作	（1）履行工作票手续。 （2）现场核对线路名称、杆号、被测配电变压器编号。 （3）检查其他工器具	（1）工作票填写和签发必须规范。 （2）现场查勘必须2人进行	

续表

序　号	作业内容	作业标准	安全注意事项	责任人
2	工器具和材料检查	（1）检查脚扣或升降板、个人工器具。要求脚扣或升降板无异常、在试验合格期内；个人工器具使用可靠灵活。 （2）材料检查。要着重检查绑扎铝导线规格、长度和是否损伤。 （3）检查杆根、杆基有无异常情况		
3	登杆及杆上站位	（1）正确使用脚扣或升降板沿同一个方向登杆。 （2）进入正确的工作位置。 （3）妥善放置登杆工器具	杆上作业及转位不得失去安全带的保护	
4	导线绑扎（侧绑）	（1）架扎线：顺导线外层绕制方向，将扎线中点架在导线上，如图 2-9-1 所示。 （2）瓶颈缠绕：扎线绕过导线，两端缠绕方向一致，如图 2-9-2 所示。 （3）二次架线：绕过导线提起，架成双十字，如图 2-9-3 所示。 （4）二次瓶颈缠绕：①扎线再绕过导线，两端缠绕方向一致；②且扎线不得交叉互压，如图 2-9-4 所示。 （5）缠绕导线：绕过导线提起，在导线上每端绕 8 圈半，紧密无缝隙，如图 2-9-5 所示。 （6）扎线头处理：扎线头长 10mm，与导线成 90°，回头与扎线贴平，如图 2-9-6 所示。 侧绑完成如图 2-9-9 所示。 （7）针式绝缘子导线绑扎与此方法相同，如图 2-9-11 所示	（1）杆上作业不得失去安全带的保护。 （2）杆上作业时要防止工器具及材料高处坠物伤人。 （3）杆下作业人员应戴安全帽，并距离作业点垂直下方 2m 以外	
5	导线绑扎（顶绑）	（1）架扎线：顺导线外层绕制方向，将扎线中点架在导线上。 （2）瓶颈缠绕：扎线绕过导线，两端缠绕方向一致。 （3）二次架线：绕过导线提起，架成双十字，如图 2-9-7 所示。 （4）二次瓶颈缠绕：①扎线再绕过导线，两端缠绕方向一致；②且扎线不得交叉互压。 （5）缠绕导线：绕过导线提起，在导线上每端绕 8 圈半，紧密无缝隙，如图 2-9-8 所示。 （6）扎线头处理：扎线头长 10mm，与导线成 90°，回头与扎线贴平。 顶绑完成如图 2-9-10 所示		
6	导线绑扎（终端绑扎）	（1）将导线的端头从蝶式绝缘子颈部绕过，尾线与主线合并在一起。导线端头长度为 500mm。 （2）用单手将导线握住，手指与蝶式绝缘子中心的距离大于 120mm 或绝缘子直径的 3 倍，另手将盘好的绑扎线始端从手握导线前端的下部从下向上 8 字形穿入，并在两股导线合拢处紧绕 5 圈，将扎线端头的 300mm 伸出部分置于干线上面。 （3）将伸出扎线端头压下置于两闭合导线之间，用扎线对导线的结合处按顺时针方向进行缠绕，缠绕长度不得小于 100mm，匝间紧密，不得重叠歪斜。	（1）杆上作业不得失去安全带的保护。 （2）杆上作业时要防止工器具及材料高处坠物伤人。	

续表

序　号	作业内容	作业标准	安全注意事项	责任人
6	导线绑扎（终端绑扎）	（4）收尾时，将副线与主线分开，扎线端头与主线并拢，用扎线圈对主线和扎线端头进行缠绕 6 圈，然后与绑线端头拧一小辫，剪断后顺脖钳平，要求小辫麻花均匀，辫头平行于导线侧	（3）杆下作业人员应戴安全帽，并距离作业点垂直下方 2m 以外	
7	下杆	采用正确的方式沿同一方向下杆	上下杆塔必须正确使用合格的登杆工具	
8	现场清理	清理工器具，离开现场	（1）安装质量符合标准、验收规范。 （2）将工器具材料装箱。 （3）现场不能有任何遗留物	
9	工作结束	清理现场，并将所用工器具清洁后整齐收好		

2. 本模块的主要操作示意图

（1）导线绑扎（侧绑）。架扎线如图 2-9-1 所示，瓶颈缠绕如图 2-9-2 所示，二次架线如图 2-9-3 所示，二次瓶颈缠绕如图 2-9-4 所示，缠绕导线如图 2-9-5 所示，扎线头处理如图 2-9-6 所示。

图 2-9-1　架扎线

图 2-9-2　瓶颈缠绕

图 2-9-3　二次架线

图 2-9-4　二次瓶颈缠绕

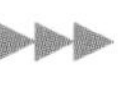

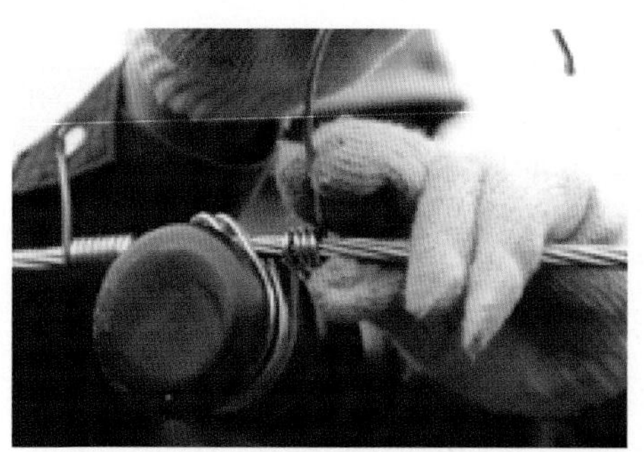
图 2-9-5　缠绕导线

图 2-9-6　扎线头处理

（2）导线绑扎（顶绑）。二次架线如图 2-9-7 所示，缠绕导线如图 2-9-7 所示。

图 2-9-7　二次架线

图 2-9-8　缠绕导线

（3）绑扎完成。侧绑完成如图 2-9-9 所示，顶绑完成如图 2-9-10 所示。

图 2-9-9　侧绑完成

图 2-9-10　顶绑完成

（4）针式绝缘子绑扎。针式绝缘子导线绑扎各方视图如图 2-9-11 所示。

六、相关知识

架空配电线路的导线在直线杆针式绝缘子和耐张杆蝶式绝缘子上的固定，普遍采用绑线缠绕法。铝绞线和钢芯铝绞线绑线材料与导线材料相同，但铝镁合金导线应使用铝绑线，绝缘导线应使用有外皮的铜绑线。铝绑线的直径应在 2.0～2.6mm 范围内。铝导线在绑扎之前，将导线与绝缘子接触的地方缠裹宽 10mm、厚 1mm 的铝包带，其缠绕长度要超出绑扎长度的 5mm。下面这三种方法是比较早的导线绑扎方式。

1. 绝缘子顶部法绑扎

直线杆一般情况下都采用顶绑法绑扎，如图 2-9-12 所示。

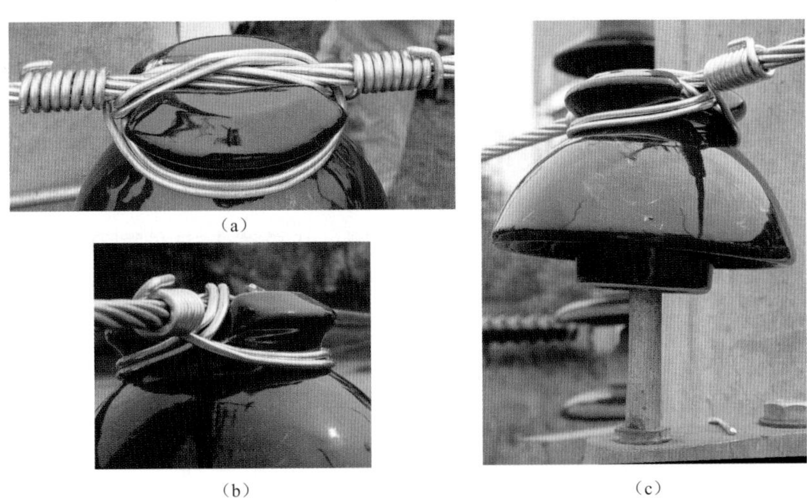

图 2-9-11 针式绝缘子导线绑扎各方视图

(a) 顶视图；(b) 左视图；(c) 右视图

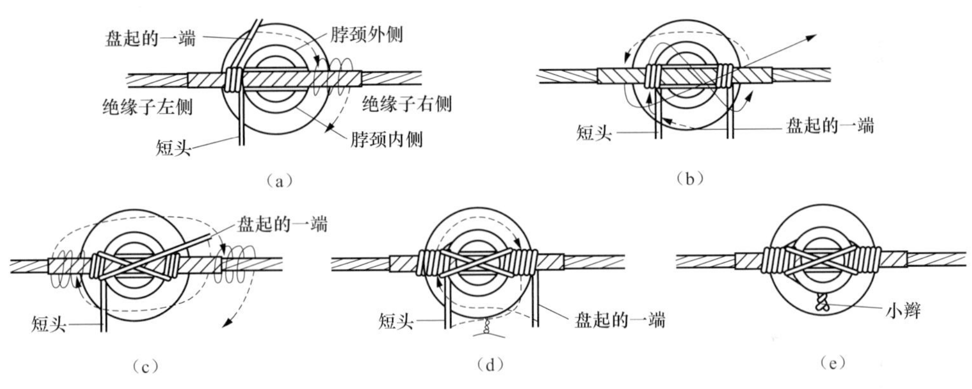

图 2-9-12 绝缘子顶部绑扎法操作步骤分解示意图

绝缘子顶绑的绑扎步骤如下：

(1) 绑扎处的导线上缠绕铝包带，若是铜线则不缠绕铝包带，将绑扎线留出 250mm 的短头由导线下方自脖颈外侧穿入，将绑扎线在绝缘子脖颈的外侧由导线下方绕到导线上方，绑扎线与导线绕线同向绕 3 圈，如图 2-9-12 (a) 所示。

(2) 用盘起来的绑线在绝缘子颈外侧绕到绝缘子另一侧导线上，用步骤 (1) 所示方法缠绕 3 圈，如图 2-9-12 (b) 所示。

(3) 用盘起来的绑线自绝缘子脖径内侧绕到绝缘子左侧导线下面，由导线外侧向上，经过绝缘子顶部交叉压住导线，然后从绝缘子右侧向下经过导线由脖颈外侧绕过导线，经过绝缘子顶部交叉压住导线，如图 2-9-12 (c) 所示。

(4) 继续用步骤 (3) 所示方法分别在绝缘子两端导线上分别绕 3 圈，如图 2-9-12 (d) 所示。

(5) 扎丝从绝缘子右侧的脖颈内侧，经过导线下方绕绝缘子脖颈 1 圈与短头在绝缘子脖颈内侧拧 1 个小辫，剪断余扎线并将小辫压平，如图 2-9-12 (e) 所示。

2. 绝缘子的颈部绑扎法

颈绑法适用于转角杆，此时导线应放在绝缘子脖颈外侧，其操作分解示意图如图 2-9-13 所示，绑扎方法如下：

（1）在绑扎处的导线上缠绕铝包带，若是铜线则可不缠铝包带。

（2）把绑线盘成一个圆盘，在绑线的一端留出一个短头，其长度为250mm左右，由绝缘子脖颈外侧的导线下方穿向脖颈内侧，将扎丝由下向上在导线上扎3圈，如图2-9-13（a）所示。

（3）扎丝自绝缘子脖颈内侧短头下从绝缘子左侧向右绕至导线下，再从脖颈外侧向上方后，在导线上扎3圈，如图2-9-13（b）所示。

（4）把盘起来的扎丝自绝缘子脖颈绕到另一侧，从导线上方在脖颈外侧交叉压在导线上，然后从导线下方继续有脖颈内侧自右向左绕到另一侧，从导线下方在脖颈外侧再次交叉压导线由上方引出，如图2-9-13（c）所示。

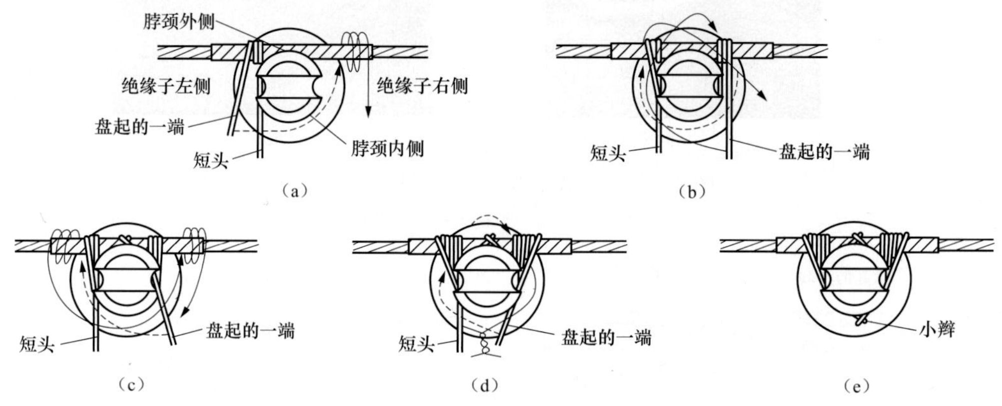

图2-9-13　绝缘子颈部绑扎法操作步骤分解示意图

（5）然后用扎丝在绝缘子脖颈内侧绕过导线，分别在两端导线上每端扎3圈，如图2-9-13（d）所示。

（6）把盘起来的扎丝在绝缘子脖颈的导线下方绕1圈，最后将扎丝余短头在绝缘子脖颈内侧中间拧1个小辫，剪去多余部分后压平，外侧绑扎，如图2-9-13（e）所示。

3. 绝缘子终端绑扎法

终端绑扎适用于蝶式绝缘子（茶台），其操作分解示意图如图2-9-14所示，绑扎方法如下：

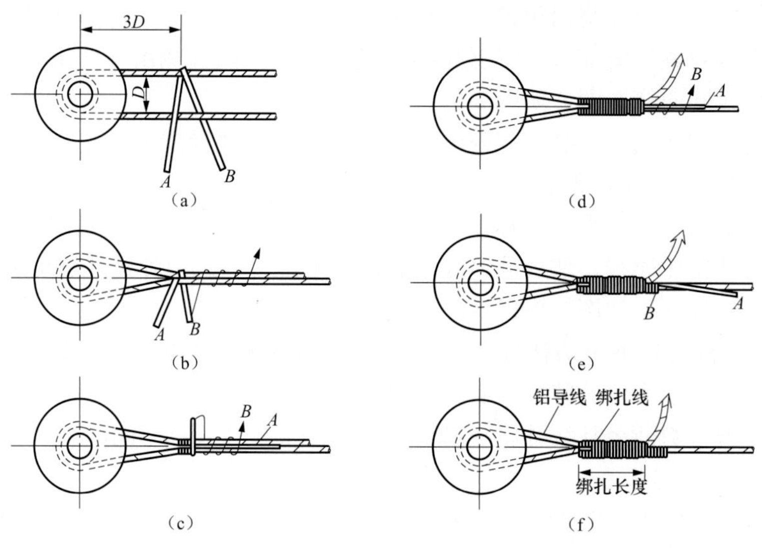

图2-9-14　绝缘子终端绑扎法

（1）导线与蝶式绝缘子接触部分，用宽 10mm、厚 1mm 软铝带包缠，若是铜线可不绑铝包带。

（2）导线截面 LJ-35、TJ-35 及以下者，绑扎长度为 150mm；导线截面为 LJ-50 以上、TJ-50 以上者，用钢线卡子固定。

（3）把绑线绕成圆盘，在绑线一端留出一个短头，长度为 200～250mm。

（4）把绑线端头夹在导线与折回导线中间凹进去的地方，然后用绑线在导线上绑扎，如图 2-9-14（a）～（e）所示。

（5）绑扎到规定长度后，与端头拧 2～3 下，用绑线和压下的短头拧成一个小辫，剪去多余绑线后压平，如图 2-9-14（f）所示。

（6）绑扎方法的统一要求是：绑扎平整、牢固，并防止钢丝钳伤导线和扎线。

模块10 停电更换10kV线路耐张杆单相单片悬式绝缘子

一、工作任务

在停电线路上完成更换10kV线路耐张杆单相单片悬式绝缘子。

二、引用文件

（1）《10kV及以下架空配电线路设计技术规程》（DL/T 5220—2005）。

（2）《电气装置安装工程66kV及以下架空电力线路施工及验收规范》（GB 50173—2014）。

（3）《国家电网公司生产技能人员职业能力培训规范 第33部分：农网配电》（Q/GDW 232.33—2008）。

（4）《国家电网公司电力安全工作规程（配电部分）（试行）》（国家电网安质〔2014〕265号）。

（5）《农村低压电力技术规程》（DL/T 499—2001）。

（6）《农村电网低压电气安全工作规程》（DL/T 477—2001）。

（7）《农村低压安全用电规程》（DL 493—2015）。

（8）《配电网运行规程》（Q/GDW 519—2010）。

三、天气及作业现场要求

（1）组立电杆应在良好的天气下进行，在作业过程中，遇到6级以上大风以及雷暴雨、冰雹、大雾、沙尘暴等恶劣天气时应停止工作。

（2）现场作业人员应正确穿戴合格的工作服、工作鞋、安全帽和劳保手套。

（3）作业人员高压电工作业和高处作业证书，熟悉《安全工作规程（线路部分）》，并经考试合格；同时，作业人员应具备符合本项作业的身体素质和技能水平。

（4）杆上电工登杆前必须对登杆工器具及安全带检查并进行冲击试验，同时必须对杆根、杆身和拉线情况进行检查。

（5）登杆前，必须认真核对停电线路名称、杆号，是否与工作票上相符。

（6）杆上作业时，上下传递工器具及材料必须使用传递绳，严禁抛扔。传递绳与横担之间的绳结应系好以防脱落，金具可以放在工具袋内传递，防止高空坠物。

（7）该项目操作在停电线路10kV线路上进行，整个作业过程要加强监护。

（8）验电和装设接地线规则：

1）验电时必须先验低压，后验高压，先验下层，后验上层，先验近侧，后验远侧。禁止工作人员穿越未经验电、接地的10kV及以下线路对上层验电。线路验电逐相进行。

2）装设接地线时，应先接接地端，后接导线端，接地线应接触良好、连接可靠。人体不能触及未接地的导线。

（9）绝缘子安装应符合下列规定：

1）安装应牢固，连接可靠，防止积水。

2）安装时应清除表面灰垢、附着物及不应有的涂料。

3）绝缘子与电杆、导线金具连接处，无卡压现象。

4）耐张串上的弹簧销子、螺栓及穿钉应由上向下穿。当有特殊困难时可由内向外或由左向右穿入。

5）悬垂串上的弹簧销子、螺栓及穿钉应向受电侧穿入。两边线应由内向外，中线应由左向右穿入。

6）绝缘子裙边与带电部位的间隙不应小于50mm。

7）对于瓷悬式绝缘子，安装前应采用不低于2500V的绝缘电阻表（兆欧表）逐个进行绝缘电阻测定。在干燥情况下，绝缘电阻值不得小于500MΩ。

四、作业前准备

1. 危险点及预控措施

（1）危险点1：触电伤害。

预控措施：①工作前，应核对线路双重编号，在工作地段范围内停电、验电、挂接地线，做好防止用户反送电措施；②对一经操作即可送电的分段开关、联络开关，加警示牌加锁，必要时应设专人看守；③对平行、跨越、邻近的带电线路采取防止感应电触电的安全措施，必要时设专人进行监护；④与高压带电部位保持最小安全距离：10kV线路保持0.7m，并设专人监护。

（2）危险点2：导线脱落。

预控措施：更换绝缘子时应采取防止导线脱落的双重措施，对跨越的带电线路，必要时应联系停电再进行作业。

（3）危险点3：高处坠物伤人。

预控措施：①杆上电工应避免落物，地面电工不得在吊件及作业点正下方逗留，全体作业人员必须正确佩戴安全帽；②工作场地必须使用安全围栏，无关人员禁止入内。

（4）危险点4：高处坠落伤害。

预控措施：①电工不得负重登杆，并使用防坠落装置，登杆过程必须使用安全带；②杆上作业不得失去安全带的保护；③监护人应加强监护，及时纠正作业人员可能存在的危险动作。

2. 工器具及材料选择

本模块所需要的工器具及材料见表2-10-1。

表2-10-1　　更换耐张单片绝缘子所需工器具及材料

序号	名称	规格	单位	数量	备注
1	挂钩滑车	0.5t	个	1	
2	紧线器	SB1-1.5	套	1	
3	铝合金卡线器	KLQ-8	副	2	
4	升降板		副	1	
5	传递绳	15m	条	1	
6	安全带	双保险背负式	根	1	
7	安全帽		个	1	
8	平口钳	200mm	个	1	
9	拔梢钳	200mm	个	1	

续表

序号	名称	规格	单位	数量	备注
10	钢丝绳套	ϕ12×1.5mm	副	1	
11	绝缘电阻表（兆欧表）	2500V	个	1	
12	验电器	10kV电压等级	副	1	
13	绝缘手套	10kV电压等级	副	1	
14	悬式绝缘子	XP-70	个	1	

3. 工作人员分工

本项目操作共需要操作人员4名（其中工作负责人1名，安全监护人员1名，杆上电工1名，地面电工1名），分工见表2-10-2。

表2-10-2　更换耐张单片悬式绝缘子人员分工

序号	工作岗位	数量（人）	工作职责
1	工作负责人	1	现场指挥、组织协调、办票
2	安全监护人员	1	各危险点的安全检查和监护
3	杆上电工	1	杆上更换绝缘子操作
4	地面电工	1	工器具传递等辅助工作

五、作业程序

1. 作业流程

本任务工作流程见表2-10-3。

表2-10-3　更换10kV耐张杆单相单片悬式绝缘子工作流程

序号	作业内容	作业步骤及标准	安全措施注意事项	责任人
1	前期准备工作	（1）履行工作票手续，如图2-10-1、图2-10-2所示。 （2）现场核对停电线路名称、杆塔编号。 （3）检查基础及杆塔。 （4）装设安全围栏，悬挂标示牌	（1）工作票填写和签发必须规范。 （2）现场作业人员正确穿戴安全帽、工作服、工作鞋、劳保手套。 （3）现场查勘必须2人进行，双重名称无误，基础及杆塔完好无异常	
2	工器具、材料摆放和材料检查	（1）在杆塔附近选一较平坦处（有条件可铺好地布），将所有工器具、材料依次摆放好，如图2-10-3所示。 （2）用2500V绝缘电阻表（兆欧表）摇测悬式绝缘子	（1）检查绝缘手套、验电笔及安全工器具完好。 （2）检查悬式绝缘子外观完好，用绝缘电阻表（兆欧表）测量绝缘合格。 （3）悬式绝缘子绝缘电阻不小于500MΩ。工器具检查如图2-10-4所示	
3	停电	进入工作现场后，由工作负责人监护，核对现场供电电源的路名、杆号、变压器号，断开工作线路各端及邻近、交叉的断路器、熔断器（开关）、隔离开关（刀闸）	（1）在一经合闸即可送电倒工作地点的熔断器（开关）、隔离开关（刀闸）的操作处，均应悬挂“禁止合闸，线路有人工作”的标示牌。 （2）停电时，认真执行倒闸操作程序	
4	验电、挂接地线	在工作负责人组织下，在专责安全监护人监护下，验明无电后，杆上电工挂设接地线。（如图2-10-5、图2-10-6所示）	（1）挂接地线时，先接接地端，后接导线端。 （2）挂接地线时，地线不得碰触人体。 （3）验电和挂接地线时必须戴绝缘手套。 （4）工作地段如有邻近、平行、交叉跨越线路，应使用个人保安线。 （5）确保杆上电工在接地线保护范围内工作	

续表

序　号	作业内容	作业步骤及标准	安全措施注意事项	责任人
5	登杆	（1）检查杆根、杆身、拉线。 （2）检查登高用的脚扣或升降板、安全带、后备保护绳。 （3）杆上电工采用脚扣或升降板沿同一方向登杆	始终沿同一方向上杆，不能螺旋形上杆	
6	更换悬式绝缘子	（1）杆上电工进入工作位置，系好安全带。 （2）地面电工将工器具通过绳索传递到杆上。 （3）杆上电工将紧线器（带卡头）固定在横担上，卡头卡于导线上，收紧紧线器使悬式绝缘子不受力，如图 2-10-7 所示。 （4）将耐张线夹与悬式绝缘子连接处的销子拆下，拔下销钉，使耐张线夹与悬式绝缘子分离，再用工具拆下悬式绝缘子与横担直角挂板连接处的螺栓，如图 2-10-8 所示。 （5）杆上电工将受受损绝缘子通过绳索传递到地面，地面电工将新悬式绝缘子通过绳索传递给杆上电工，如图 2-10-9 所示。 （6）将新悬式绝缘子一端与横担连接，一端与耐张线夹连接；松紧线器，使悬式绝缘子受力，如图 2-10-10 所示。 （7）拆除紧线器，杆上电工将工器具用绳索传递到地面	（1）安全监护人员必须加强监护。 （2）杆上电工转位不得失去安全带保护。 （3）传递工器具及材料必须使用传递绳索，杆上不能坠物，杆下严禁有人滞留	
7	拆除接地线	杆上电工拆除全部接地线，并用绳索传递到地面	拆卸接地线必须先拆导线端，后拆接地端	
8	下杆	杆上作业人员采用脚扣或升降板沿一条直线平稳下杆		
9	工作终结	工作完成后清理现场，由工作负责人监护送电	现场不得有任何遗留物，按规程要求送电	

2. 本模块操作示意图

（1）现场查勘如图 2-10-1 所示，办理工作票如图 2-10-2 所示。

图 2-10-1　现场查勘

图 2-10-2　办理工作票

（2）工器具的清理、摆放如图 2-10-3 所示，检查工器具如图 2-10-4 所示。

（3）验电如图 2-10-5 所示，挂接地线如图 2-10-6 所示。

图 2-10-3 工器具清理、摆放

图 2-10-4 工器具检查

图 2-10-5 验电

图 2-10-6 挂接地线

（4）安装紧线器如图 2-10-7 所示，拆卸受损绝缘子如图 2-10-8 所示。

图 2-10-7 安装紧线器

图 2-10-8 拆卸受损绝缘子

（5）传递新绝缘子如图 2-10-9 所示，安装新绝缘子如图 2-10-10 所示。

图 2-10-9 传递新绝缘子

图 2-10-10 安装新绝缘子

六、相关知识

1. 农网配电线路绝缘子的分类

绝缘子按结构可分为柱式（支柱）绝缘子、悬式绝缘子、防污型绝缘子和套管绝缘子。现在常用的绝缘子有：陶瓷绝缘子、玻璃钢绝缘子、合成绝缘子、半导体绝缘子。

架空线路中所用绝缘子，常用的有针式绝缘子、蝶式绝缘子、悬式绝缘子、瓷横担、棒式绝缘子和拉紧绝缘子等。

（1）针式绝缘子。针式绝缘子主要用于线路电压不超过 35kV，导线张力不大的直线杆或小转角杆塔。优点是制造简易、价廉，缺点是耐雷水平不高，容易发生闪络，如图 2-10-11 所示。

（2）瓷横担绝缘子。这种绝缘子已广泛用于 110kV 及以下线路。它具有许多显著的优点，如绝缘水平高，同时起到横担和绝缘子的作用，能节约大量钢材，并能提高杆塔悬点高度，运行中便于雨水冲洗；这种绝缘子在断线时不转动，可避免事故扩大，如图 2-10-12 所示。

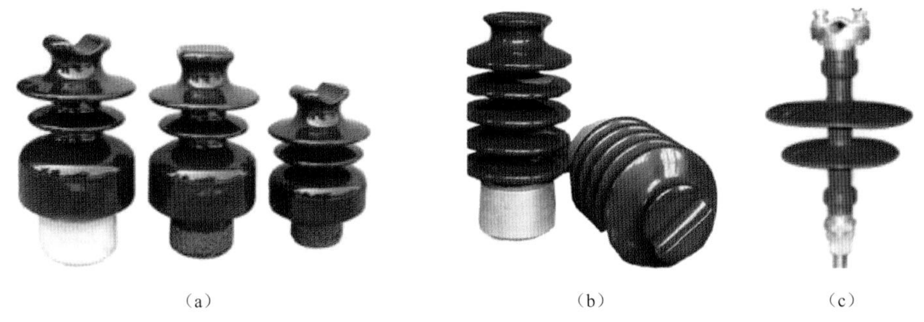
(a)　　(b)　　(c)

图 2-10-11　常见的针式绝缘子

(a) 针式支柱形绝缘子；(b) 针式瓷绝缘子；(c) 复式针式绝缘子

图 2-10-12　瓷横担绝缘子

（3）悬式绝缘子。悬式绝缘子常用在 10kV 及以上架空线路。通常都把它们组装成绝缘子串使用。每串绝缘子的数目与额定电压有关。

按其制造材料可分为瓷绝缘子和钢化玻璃绝缘子；其铁帽结构形式则有球窝连接和槽形连接两类。按机电破坏荷载可分为 4t、6t、7t、10t、16t、21t、30t 共 7 个级别。

钢化玻璃绝缘子其结构形状与瓷绝缘子相同，它与瓷绝缘子相比优点是劣化后自行爆炸，且自爆后的残垂物具有相当高的机械强度，可保持稳定的性能，易于实现生产过程的机械化和自动化，图 2-10-13 所示为瓷绝缘子和钢化玻璃绝缘子。

（4）低压蝶式绝缘子。低压蝶式绝缘子常用于低压配电线路上，作为直线或耐张绝缘子，也可同悬式绝缘子配套，用于 10kV 配电线路耐张杆塔、终端杆塔或分支杆塔上。

（a）　　（b）

图 2-10-13　悬式绝缘子
（a）瓷绝缘子；（b）钢化玻璃绝缘子

蝶式绝缘子如图 2-10-14 所示，图 2-10-15 为蝶式绝缘子使用在低压耐张杆上。

图 2-10-14　蝶式绝缘子

图 2-10-15　蝶式绝缘子的使用

2. 绝缘子受损原因分析

（1）人为破坏，如击伤、击碎等。

（2）安装不符合规定，或承受的应力超过了允许值。

（3）由于气候骤冷骤热，电瓷内部产生应力，或者受冰雹等击伤击碎。

（4）因脏污而发生污闪事故，或在雨雪或雷雨天出现表面放电现象（闪络）而损坏。

（5）在过电压下运行时，由于绝缘强度和机械强度不够，或绝缘子本身质量欠佳而损坏。

3. 绝缘子串的检测和更换

运行的绝缘子串要按规定的周期进行检测。

（1）带电测试。带电测试是鉴别劣化绝缘子的方法，它是用装在绝缘杆上或其他装置上的可变火花间隙或固定火花间隙或固定火花间隙测量分布电压，当其值为正常值的 5%及以下或间隙不放电时，即为不良绝缘子，带电测试绝缘子的分布电压应按规定进行。

（2）停电测试。用 2500V 绝缘电阻表（兆欧表）逐个测试绝缘电阻，凡小于 500MΩ 的即为不良绝缘子。

4. 悬式绝缘子组装结构图

耐张线夹如图 2-10-16 所示，10kV 线路悬式绝缘子与耐张线夹组装结构如图 2-10-17 所示。

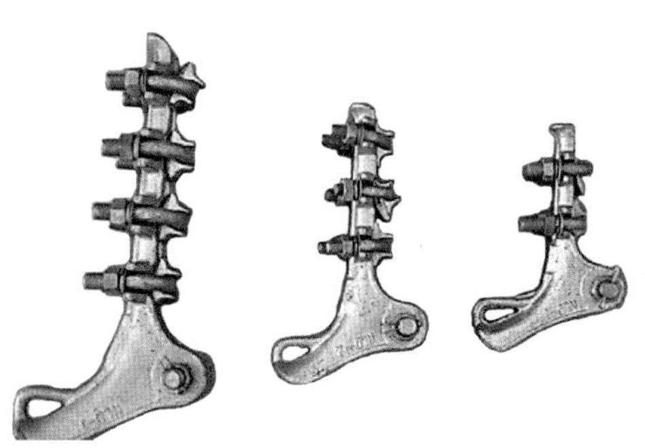

图 2-10-16　耐张线夹

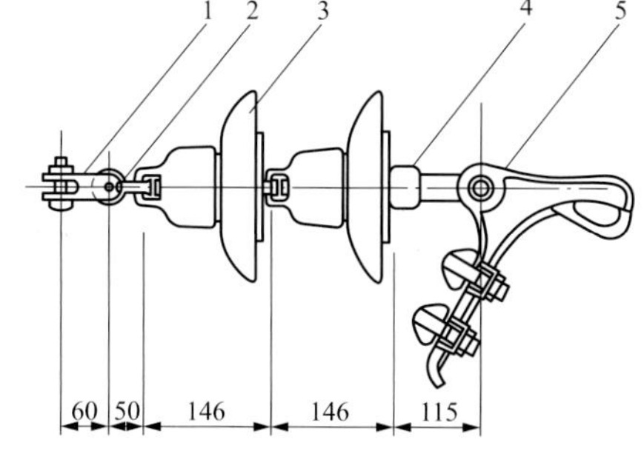

图 2-10-17　耐张线夹与悬式绝缘子组装结构

1—直角挂板；2—球头挂环；3—悬式绝缘子；4—碗头挂板；5—耐张线夹

组装 10kV 配电线路单相耐张悬式绝缘子材料见表 2-10-4。

表 2-10-4　　组装 10kV 配电线路的单相耐张悬式绝缘子所需材料

序　号	名　称	型号规格	单　位	数　量
1	直角挂板	Z-7	副	1
2	球头挂环	QP-7	个	1
3	悬式绝缘子	XP-70	片	2
4	碗头挂板	W-7B	个	1
5	耐张线夹	根据导线型号选择	副	1

模块11 10kV线路终端杆拉线更换

一、作业任务

在培训场地完成10kV线路终端杆拉线更换任务。

二、引用文件

（1）《电气装置安装工程66kV及以下架空电力线路施工及验收规范》（GB 50173—2014）。

（2）《配电网运行规程》（Q/GDW 519—2010）。

（3）《架空配电线路及设备运行规程》（SD 292—1988）。

（4）《国家电网公司电力安全工作规程（配电部分）（试行）》（国家电网安质〔2014〕265号）。

（5）《国家电网公司生产岗位生产技能人员职业能力培训规范 第33部分：农网配电》（Q/GDW 232.33—2008）。

（6）《农村低压电力技术规程》（DL/T 499—2001）。

（7）《农村电网低压电气安全工作规程》（DL/T 477—2010）。

（8）《电力安全工器具预防性试验规程（试行）》（国电发〔2002〕777号）。

三、天气及作业现场要求

（1）拉线更换应在良好的天气下进行，在作业过程中，遇到5级以上大风以及雷暴雨、冰雹、大雾、沙尘暴等恶劣天气时应停止工作。

（2）拉线更换必须专人负责和监护。开工前，应交代施工方法、安全组织、技术措施，作业人员应明确分工、密切配合、服从指挥。

（3）拉线更换必须安装临时地锚和临时拉线，临时拉线的截面积不得小于原拉线规格；在临时拉线未可靠受力前，不得拆卸原来拉线。

（4）拉线更换后，新拉线未可靠受力前，禁止松动和拆除临时拉线；施工过程中，工作负责人要随时检查临时拉线受力情况。

四、作业前准备

1. 危险点及预控措施

（1）危险点1：误登带电杆塔造成触电伤害。

预控措施：①作业前，认真核对线路（杆塔）双重编号无误；②作业前必须向工作负责人交代清楚邻近、交叉跨越、平行带电线路，并加强监护；③在可能发生误登杆塔上悬挂

"禁止攀登，高压危险"标示牌。

（2）危险点2：触电伤害。

预控措施：①作业前必须将该线路电源全部停电，并切断可能返回电源的开关、隔离开关，做好防止反送电措施；②验电，并挂好接地线；接地线装拆要在监护下进行，并使用绝缘操作杆。

（3）危险点3：高处坠物伤人。

预控措施：①用绳索传递工器具、材料；②杆上作业人员应避免落物，地面电工不得在吊件及作业点正下方逗留，全体作业人员必须正确佩戴安全帽；③工作场地必须使用安全围栏，无关人员禁止入内。

（4）危险点4：高处坠落伤害。

预控措施：作业人员登杆前应检查登杆工器具、安全带是否牢固可靠，不得负重登杆，并使用防坠落装置，登杆过程使用安全带；杆上作业不得失去安全带的保护。监护人应加强监护，及时纠正作业人员可能存在的危险动作。

（5）危险点5：倒杆伤人。工作负责人在作业前要认真检查临时拉线是否不小于原拉线规格，临时地锚是否牢固可靠；作业过程中要随时注意临时拉线的受力情况，检查紧线器、卡线器的受力情况，如出现异常，要立即停止作业。

2. 工器具及材料选择

本模块所需要的工器具及材料见表2-11-1。

表2-11-1　　10kV线路终端杆拉线更换所需工器具

序号	名称	规格	单位	数量	备注
1	绝缘手套	12kV电压等级	副	1	
2	绝缘操作杆	10kV电压等级	根	1	
3	验电器	10kV高压验电器	只	1	
4	便携式接地线	10kV电压等级	副	1	
5	钢丝绳	ϕ9.3mm×8m	根	2	
6	钢丝绳套	ϕ9.3mm×80mm	根	1	
7	导线卡线器		副	1	根据导线型号选择
8	钢丝绳手扳葫芦	SB1-1.5	副	1	
9	吊绳	ϕ12	根	1	
10	二锤	18磅	根	1	
11	临时地锚		根	1	可用钢钎或角钢代替
12	钢丝绳卡		个	3	根据导线型号选择
13	U形环	U-7	个	1	
14	断线钳		副	1	
15	登杆工器具	脚扣或升降板	副	1	

续表

序 号	名 称	规 格	单 位	数 量	备 注
16	安全带	双保险背负式	副	1	
17	平口钳	200mm	把	1	
18	活络扳手	250mm	把	1	
		300mm	把	2	
19	挂钩式铝合金滑车	0.5t	个	1	
20	记号笔		只	1	
21	油漆刷		把	1	

10kV线路终端杆拉线更换所需材料见表2-11-2。

表2-11-2　　10kV线路终端杆拉线更换所需材料

序 号	名 称	规 格	单 位	数 量	备 注
1	钢绞线	GJ-35	m	15	根据杆高确定
2	镀锌铁线	ϕ10mm	圈	2	每圈1.4m
3	镀锌铁扎线	ϕ22mm	圈	1	圈长度1.5m
4	楔形线夹	NEX-1	套	1	
5	UT形线夹	NUT-1	套	1	
6	防锈漆		kg	0.5	

3. 工作人员分工

本项目操作共需要操作人员3名（其中工作负责人1名，操作人员1名，地面辅工1名），工作人员分工见表2-11-3。

表2-11-3　　10kV线路终端杆拉线更换任务人员分工

序号	工作岗位	数量（人）	工作职责
1	工作负责人（监护人）	1	现场监护和指挥
2	杆上操作人员	1	负责拉线制作，及拉线更换
3	地面辅工	1	负责杆上作业工器具及材料传递

五、作业程序

1. 作业流程

10kV配电线路终端杆拉线更换工作流程见表2-11-4。

表2-11-4　　10kV配电线路终端杆拉线更换工作流程

序 号	作业内容	作业步骤及标准	安全措施注意事项	责任人
1	前期准备工作	（1）履行工作票手续。 （2）现场核对停电线路名称、杆塔编号。 （3）检查基础及杆塔，基础及杆塔应完好无异常。 （4）装设安全围栏，悬挂标示牌	（1）工作票填写和签发必须规范。 （2）现场作业人员正确穿戴安全帽、工作服、工作鞋、劳保手套。 （3）现场查勘必须2人进行	
2	申请停电	按施工任务，根据查勘情况，确定停电时间，并向调度办理停电申请	检修线路或临近带电线路应停电	

续表

序　号	作业内容	作业步骤及标准	安全措施注意事项	责任人
3	准备材料及工器具	（1）根据工程需要，准备好工器具，并检查各类工器具是否完好，确保现场使用的工器具的完好性。 （2）钢绞线与需更换的拉线钢绞线型号一致；UT形线夹无锈蚀，螺纹光滑	（1）必须使用合格的验电器及接地线。 （2）工器具应齐全完好。 （3）临时拉线和临时地锚必须满足规定要求。 （4）登杆工器具及材料必须进行冲击试验，合格才可使用	
4	工器具及材料检查	工作前，所用的工器具和材料是否合格，数量是否备足工作需要，本模块所需工器具及材料如图2-11-1所示，应包含以下内容： （1）检查绝缘操作杆是否可靠。 （2）检查验电器和接地线是否正常。 （3）检查绝缘手套表面无受潮及发霉现象，确认未超期使用，卷曲挤压是否有漏气。 （4）检查临时拉线及地锚是否可靠。 （5）登杆工器具应牢固可靠，在试验合格期内，需做冲击试验。 （6）地桩有无裂纹	（1）绝缘操作杆表面无受潮及发霉现象，确认未超期使用。 （2）验电器表面无受潮及发霉现象，确认未超期使用，使用前应做音响试验，确认其能正常工作。 （3）接地线各连接部分可靠，无断股，编号完整，绝缘棒部分表面无受潮及发霉现象。 （4）临时拉线强度是否合适，有无断股、霉变	
5	班前会	作业之前应组织召开班前会，由工作负责人向作业人员交代本次作业的工作任务，停电线路设备名称、地段、带电部位、危险点及防范措施，施工方法及工艺要求等。 危险点：①触电伤害；②机械伤害；③高处坠落；④坠物伤人；⑤倒杆伤人	（1）工作负责人应向作业人员宣读工作票，说明作业任务、作业位置、质量要求、危险点及预控措施。 （2）作业人员在工作票上签字确认	
6	停电	检修线路或临近带电线路应停电		
7	现场布置安全措施	（1）对需要工作的线路进行验电和挂接地线。 （2）对工作场地悬挂标示牌和装设遮栏遮栏（围栏）。遮栏（围栏）应设专人看护，禁止非工作人员进入	（1）验电时应戴绝缘手套。 （2）验电时，人体应与被验设备保持安全距离。 （3）禁止工作人员穿越未经验电、接地的10kV及以下线路对上层线路进行验电	
8	登杆前的检查工作	作业人员登杆前再次核对双重编号，检查杆根、杆身、登杆工具、安全带、吊绳、临时拉线进行检查	（1）确认杆基无沉陷，杆身无裂纹。 （2）临时拉线截面积不小于原有拉线截面积。 （3）登杆工器具、安全带、吊绳检查正常	
9	安装临时拉线地锚	操作人员将地锚（可用钢钎代）在规定位置打入地面，并设置防止临时拉线滑动的措施	（1）临时地锚应打入地面1.2m深度，无松动现象。 （2）防止地锚松动或无防止临时拉线滑动的措施	

续表

序　号	作业内容	作业步骤及标准	安全措施注意事项	责任人
10	登杆	作业人员沿一条直线匀速登杆到工作位置	（1）登杆过程要防止升降板或脚扣滑脱现象。 （2）登杆到工作位置后要立即系上安全带	
11	安装临时拉线	（1）杆上人员用钢丝绳固定在电杆横担处（缠绕电杆2圈后用卸扣或U形环固定钢丝绳）。 （2）杆下人员用紧线器、钢丝绳套、钢丝绳卡将钢丝绳下端固定在地锚上，如图2-11-2所示	（1）钢丝绳在电杆上安装位置必须准确合适。 （2）紧线器、钢丝绳绳套、绳卡与地锚固定必须牢固可靠	
12	收紧临时拉线	通过紧线器收紧临时拉线，使钢丝绳完全受力	要防止钢丝绳不受力或受力过渡引起电杆倾斜	
13	旧拉线拆除	（1）再次检查钢丝绳各受力点、承力点，确认无误后，地锚人员拆除拉线下端。 （2）杆上人员拆除拉线上端，并通过传递绳将拉线上把传递到地面，如图2-11-3所示	（1）钢丝绳未受力严禁拆除原有拉线。 （2）注意拆除原有拉线的上把和下把顺序	
14	拉线上把制作	（1）钢绞线封头理直穿入楔形线夹内。 （2）钢绞线弯曲处画印：根据钢绞线的规格量出尾线长度，GJ-35尾线长度（300±10mm），用钢卷尺从钢绞线线头量出425mm或430mm的距离，量出需要弯曲的位置用记号笔画好印记。 （3）钢绞线弯曲时：左脚踩住钢绞线主线侧，左手控制钢绞线弯曲部位，右手捏住钢绞线线头，将钢绞线拉弯曲。用膝盖顶住钢绞线弯曲位置，左右手同时用力制成R销形状，将钢绞线线尾及主线弯曲位置调整，然后将钢绞线、尾线沿线夹凸肚面穿入线夹，如图2-11-4所示。 （4）钢绞线主线应在平面侧、尾线同时套入线夹内放入楔子：楔子与钢绞线弯曲部位拉紧，再用木榔头敲紧。 （5）拉线上把扎线：扎线时先将主线、尾线调整平直，扎线用12号铁线绑扎，绑扎在钢绞线尾线上绑扎长度55±5mm，每圈铁线绑扎紧密且无缝隙，扎线收尾与拉线尾线端应留有30mm的距离。 制作完成的拉线上把如图2-11-5所示	（1）将钢绞线从楔形线夹小口穿入，主线应放在平面侧，不得放反。 （2）弯曲位置不得拉成死弯或散股，画印应在弯曲位置中间不得移位。 （3）钢绞线和舌板半圆弯曲位置接触无缝隙和死弯，无散股现象。 （4）扎线时要求主线、尾线平整，扎线首尾收头应在同一侧且在两线之间，绑扎处应做防腐处理	
15	安装拉线上把	（1）沿一条直线登杆：登至拉线安装位置站位正确并系好安全带。 （2）使用吊绳将拉线上把吊上：吊绳不得同侧使用，拉线上把应拴牢，绳结正确使用。 （3）挂拉线上把：正确安装楔形线夹螺栓及销钉，螺栓穿向应与拉线抱箍螺栓穿向一致，楔形线夹凸肚朝下。拉线上把安装完毕后，并检查螺栓、开口销到位。 如图2-11-6所示	（1）登杆前应对电杆、拉线、登杆工具、安全带、个人工具进行检查，登杆动作熟练，正确使用劳动防护用品。 （2）登杆熟练平稳，不得失控。 （3）杆上作业、转位不得失去安全带保护。 （4）杆上作业时口中不得含异物，工器具乱放，防止高处坠物	

续表

序　号	作业内容	作业步骤及标准	安全措施注意事项	责任人
16	拉线下把制作	(1) 把UT形线夹拆开，并将U形螺栓杆穿入拉线棒环上，与配合人员一起将钢绞线拉紧，比出钢绞线的所需长度并画印，然后再向拉线尾线延长(425mm或430mm)的长度再次画印。 (2) 剪断钢绞线：钢绞线剪断前两端封头用18号细镀锌铁线将剪断处两侧扎紧，剪断钢绞线。 (3) 钢绞线穿入UT形线夹：钢绞线理直穿入线夹方向应正确，由线夹小口套入。 (4) 弯曲钢绞线：左脚踩住钢绞线主线，一手控制钢绞线弯曲部位，另一手拉钢绞线线头，进行弯曲，弯曲好后。用膝盖顶住钢绞线线夹出口处，左右手将钢绞线尾线及主线弯成开口R销模样。 (5) 钢绞线、尾线穿入及契子固定：将钢绞线尾线沿线夹凸肚面穿入线夹。放入契子并固定、拉紧，用木榔头敲打。 (6) 尾线长度与位置：尾线长度为300±10mm。线夹的凸肚应向地面。 (7) 钢绞线尾线绑扎：扎线用12号铁线，先顺钢绞线平压一段，再缠绕压紧绑扎长度为55±5mm，且每圈铁线要扎紧，无缝隙。铁线两端头绞织三次成小辫，并且不能超过尾线头应齐平。小辫应位于两钢绞线中间、平整美观	(1) 注意第二次画印是钢绞线剪断位置。 (2) 钢绞线穿入要求钢绞线和舌板半圆弯曲结合处无缝隙和死角。 (3) 钢绞线弯曲过程中要防止钢绞线反弹伤人	
17	拉线下把安装	(1) UT形线夹螺栓丝杆部分涂刷润滑剂。 (2) 线夹套入U形螺栓杆上将螺母戴上，防水面朝上；利用螺栓进行拉线调整，如图2-11-8所示。 (3) 逐渐收紧新安装拉线，使其受力。安装完成的拉线下把如图2-11-9所示	(1) 调整拉线时要注意观察电杆是否倾斜。 (2) UT形线夹螺栓调整不得大于丝纹总长的二分之一，双螺母并紧不得少于20mm	
18	拆除临时拉线	(1) 在拆除临时拉线之前，再次检查新拉线受力、承力点牢靠可靠。 (2) 缓慢操作紧线器松开钢丝绳下端。 (3) 登杆拆除钢丝绳上端并通过传递绳将钢丝绳上端传到地面	(1) 新拉线未充分受力前，严禁松动拆卸临时拉线。 (2) 严禁突然松开临时拉线	
19	工作终结	(1) 作业基本结束后，工作负责人对施工质量、工艺标准自检验收。 (2) 清理作业现场，工器具清理并归类装好。 (3) 工作负责人组织作业人中召开班后会，总结工作中的经验及存在的问题，并制定出今后的整改措施，向许可人汇报，并办理工作终结手续。 (4) 拆除围栏，离开作业现场	(1) 现场不应有任何遗留物。 (2) 及时办理工作票终结手续	

2. 本模块操作示意图

(1) 10kV线路终端杆拉线更换工器具及材料摆放如图2-11-1所示。

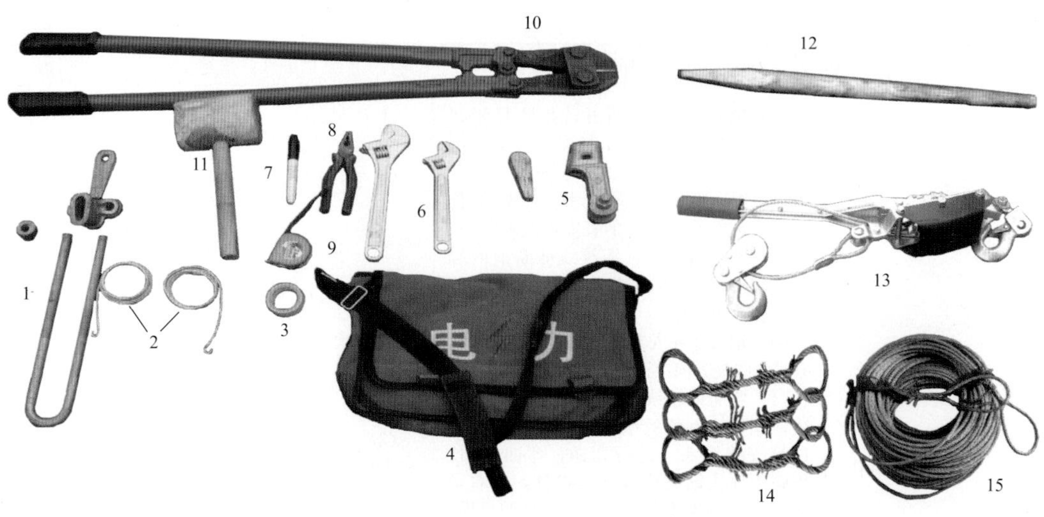

图 2-11-1　10kV 线路终端杆拉线更换工器具及材料摆放示例图

1—UT 形线夹；2—铁丝；3—绝缘胶布；4—工具包；5—楔形线夹；6—活络扳手；7—记号笔；8—钢丝钳；9—钢卷尺；10—断线钳；11—木榔头；12—临时地锚；13—紧线器；14—钢丝绳套；15—钢丝绳

（2）安装临时拉线如图 2-11-2 所示，拆除旧拉线如图 2-11-3 所示。

图 2-11-2　安装临时拉线

图 2-11-3　拆除旧拉线

（3）拉线制作。

1）弯曲钢绞线如图 2-11-4 所示，制作完成的拉线上把如图 2-11-5 所示。

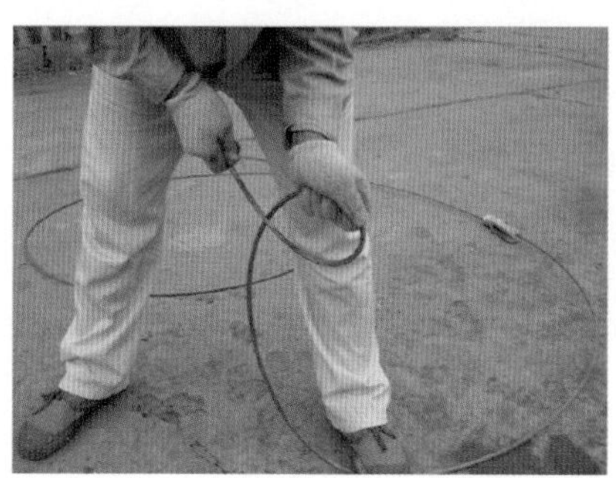

图 2-11-4　弯曲钢绞线

图 2-11-5　拉线上把制作完成

2）安装拉线上把如图 2-11-6 所示，拉线下把制作如图 2-11-7 所示。

图 2-11-6　安装拉线上把

图 2-11-7　拉线下把制作

（4）安装拉线下把如图 2-11-8 所示，安装完成的拉线下把如图 2-11-9 所示。

图 2-11-8　安装拉线下把

图 2-11-9　安装完成的拉线下把

六、相关知识

1. 拉线各部分的结构和作用

架空线路的拉线一般由拉线盘、拉线 U 形挂环、拉线棒、UT 形线夹、钢绞线、楔形线夹、拉线包箍等几部分组成，拉线基本结构如图 2-11-10 所示。

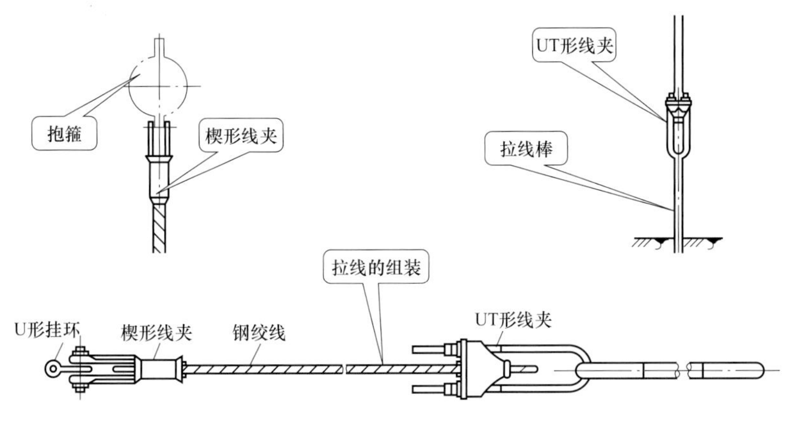

图 2-11-10　拉线的基本结构

在架空线路中，凡承受固定性不平衡荷载比较显著的杆塔，如：终端杆、角度杆、跨越杆等，均应装设拉线以平衡之。同时为了避免线路受大风荷载的破坏性影响，或在土质松软地区为增加电杆的稳定性，也应装设拉线。

2. 拉线的分类

常见拉线的基本类型分为普通拉线、人字拉线、十字拉线、水平拉线、共用拉线、Y 形拉线、弓形拉线、V 形拉线和 X 形拉线，如图 2-11-11 所示。

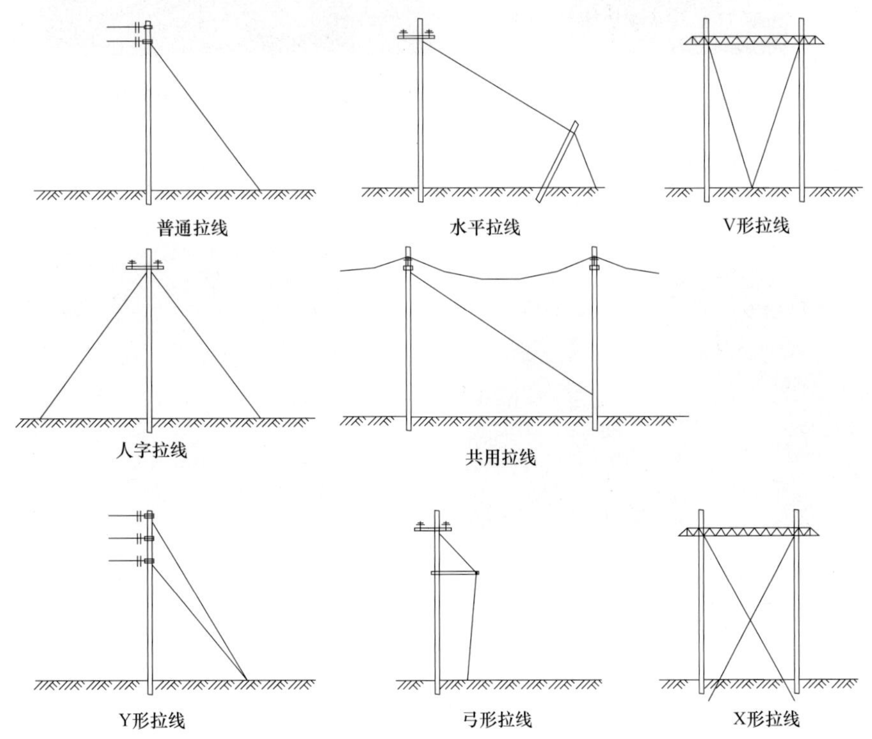

图 2-11-11 各种拉线外形结构

3. 拉线的受力分析

一般耐张杆拉线的设计，为考虑一侧导线断线时承受另一侧导线的张力，终端杆拉线的设计则为承受一侧全部导线的张力，拉线的受力分析如图 2-11-12 所示。

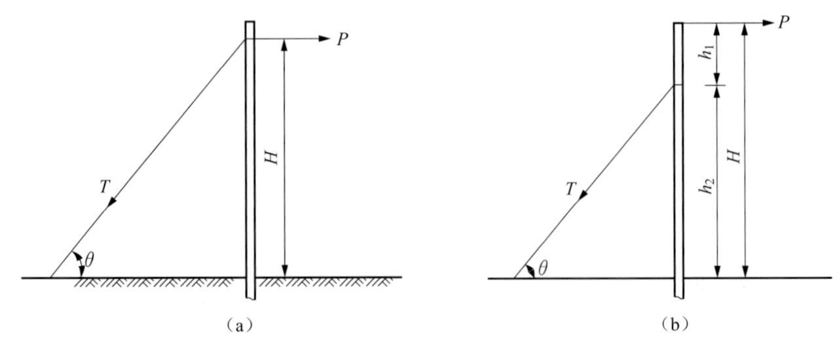

图 2-11-12 拉线的受力分析

(a) 终端杆拉线受力图；(b) 耐张杆拉线受力图

终端杆拉线受力：$T=P/\cos\theta$

耐张杆拉线受力：$T=PH/h_2\cos\theta$

式中 T——拉线承受力，N；

P——导线最大张力，N；

θ——拉线对地面夹角；

H——导线最大张力作用点的高度，m；

h_2——拉线着力点（拉线悬挂点）的高度，m。

4. 拉线的基本要求

拉线使用镀锌钢绞线，拉线的使用通常由设计计算确定。镀锌钢绞线的最小截面16mm^2，拉线制作钢绞线不应小于25mm^2，安全系数不应小于2。拉线应根据电杆的受力情况设置。通常情况下，一般拉线与电杆夹角45°为宜，如因受地形限制，可缩小不应小于30°。拉线安装时电杆向受力反方向预偏杆顶直径的二分之一，外角拉线应设置在线路的外角平分线上，防风拉线应设置在线路的垂直方向。拉线盘、拉线坑深度按受力大小和地质确定，拉盘一般为0.6×0.3m、0.8×0.4m、1.2×0.6m，拉线坑深度为1.5～2.2m。拉棒长度应为1.8～2.8m，拉棒最小直径不得小于16mm，拉棒应镀锌，拉棒出口应挖马槽，回填后露出地面不得小于0.5m。根据不同腐蚀地区拉棒直径可增大一个规格，还可采取其他的防腐处理措施。

模块 12 配电线路及设备常规巡视

一、作业任务

完成配电线路及设备常规巡视。

二、引用文件

（1）《电气装置安装工程 66kV 及以下架空电力线路施工及验收规范》（GB 50173—2014）。

（2）《配电网运行规程》（Q/GDW 519—2010）。

（3）《架空配电线路及设备运行规程》（SD 292—1988）。

（4）《国家电网公司电力安全工作规程（配电部分）（试行）》（国家电网安质〔2014〕265 号）。

（5）《国家电网公司生产技能人员职业能力培训规范 第 33 部分：农网配电》（Q/GDW 232.33—2008）。

（6）《农村低压电力技术规程》（DL/T 499—2001）。

（7）《农村电网低压电气安全工作规程》（DL/T 477—2010）。

（8）《电力安全工器具预防性试验规程（试行）》（国电发〔2002〕777 号）。

三、天气及作业现场要求

（1）配电线路是暴露在露天，巡视受天气的影响如雨、雷、闪电时，应暂停巡视。

（2）高温天气防止中暑，低温天气防止冻伤。

（3）配电线路巡视应该由有经验的电力线路人员担任，电缆隧道、偏僻山区和夜间巡视必须两人进行；单人巡线时，禁止攀登电杆和铁塔。

（4）雷雨、大风天气或事故巡线，巡视人员应该穿绝缘鞋或绝缘靴。

（5）线路巡视必须携带必要的防护用具、自救器具、药品和工器具，夜间巡线应该携带足够的照明工具。

四、作业前准备

1. 危险点及预控措施

（1）危险点 1：跌倒摔伤。

预控措施：巡视人员，保持精力集中，注意地下的沟坎、坑、洞等，防止巡视人员摔跌伤人。

（2）危险点 2：高空坠落和触电伤害。

预控措施：①单人巡视，禁止攀登杆塔，不得攀登带电设备构架碰触配电设备；②单人巡视，严禁擅自打开环网柜、电缆分支箱柜门，防止误碰、触电；③雷雨、大风天气或事故巡线，巡视人员应该穿绝缘鞋或绝缘靴；④夜间巡线应沿线路外侧进行；大风天气时，巡线应沿线路上风侧前进，避免万一触及断落导线触电。

(3) 危险点3：其他意外伤害。

预控措施：巡视时，巡视人员严禁穿拖鞋、凉鞋，防止刺脚、动物袭击伤人。

2. 工器具准备

本任务巡视所需工器具见表2-12-1。

表2-12-1　　巡视所需工器具

序号	名称	规格	单位	数量	备注
1	数码相机		个	1	
2	望远镜	12×32	个	1	
3	钢丝钳	200mm	把	1	
4	活络扳手	250mm	把	1	
5	电工包		个	1	

3. 巡视人员分工

本任务巡视人员分工见表2-12-2。

表2-12-2　　巡视人员分工

序号	工作岗位	数量（人）	工作职责
1	主要巡视人员	1	负责全线路巡视
2	巡视监护	1	配合作做记录、巡视中负监护责任

五、作业程序

1. 作业流程

本任务工作流程见表2-12-3。

表2-12-3　　巡视工作流程

序号	作业内容	工作步骤及标准	安全措施注意事项	责任人
1	巡视前准备	(1) 查阅上月巡视记录、消缺记录、基础资料。 (2) 编制常规巡视标准化指导书、巡视卡。 (3) 准备巡视所需工器具，如图2-12-1和图2-12-2所示		
2	配电线路常规巡视（通道巡视）	(1) 配电线路及设备区域内有无植树、种植灌木、建筑脚手架、大型施工机械等距离是否符合架空配电线路及设备运行规程规定。 (2) 配电线路及设备附近有无新建的加油站、加气站、易燃易爆腐蚀的工厂、化工厂等污染、污秽源影响线路及设备不安全运行的情况。 (3) 配电线路及设备附近开挖取土、架设管道、通信、光缆，堆物、土、石、周围无堆放物易被风刮起的漂浮物，在线路下方和设备附近修房、建塑料大棚、站台等。 (4) 配电线路及设备附近有无危及安全运行的建筑钢架、广告牌、天线、旗杆、烟囱、抛扔物体等。 (5) 配电线路防护区内有无爆破、射击、放风筝、钻探、打井等影响安全运行的现象。 (6) 配电线路导线及设备带电部位对其他电力线路、弱电、通信光纤、光缆线路的安全距离是否符合规程规定。 (7) 配电线路导线及设备带电部位对地、行人路道、过往天桥、管道、建筑物等安全距离要求，是否符合规程规定。 (8) 配电线路导线对下方跨越的公路、铁路、通航江河、高架桥、标示形的建筑物等的距离是否满足规程规定。 (9) 配电线路周围附近江河大水冲刷杆、拉线基础、洪水或泥石流、堡坎垮塌等异常现象。 (10) 有无单位或个人违反《电力设施保护条例》的行为。 配电线路通道缺陷如图2-12-3所示	(1) 巡视检查线路的隐患，制止危害线路安全运行行为。 (2) 恶劣天气和山区巡视应带好防护用具、药品、汛期不得泅渡。 (3) 巡视中禁止攀登杆塔、设备、擅自打开分支箱及柜门防止触电。 (4) 线路巡视过程中，对带电线路必须保持规程要求的安全距离。 (5) 线路巡视时应该遵守交通规则。 (6) 巡视线路时，如遇路滑，应慢慢行走，过沟、崖、墙时要防止摔倒	

续表

序号	作业内容	工作步骤及标准	安全措施注意事项	责任人
3	配电线路常规巡视（杆塔巡视）	（1）运行线路杆塔的相关规定，混凝土杆直线、转角杆倾斜不得超过15/1000，转角杆倾斜不得向内角倾，终端杆不得向线路受力方向倾斜，向拉线侧倾斜不得小于200mm。钢管杆50m以下不得超过10/1000，钢管杆、构件有无弯曲、变形、锈蚀：杆塔连接固定螺栓有无松动脱帽。 （2）混凝土杆不得有纵向、横向裂纹，且裂纹宽度不得超过0.5mm，松散脱落、钢筋外露，焊接处无裂纹、锈蚀。 （3）杆塔位置是否合适，有没有可能被车撞、在盲道上，杆塔周围的防洪设施有无被洪水冲刷、垮塌、人为损坏等异常现象。 （4）杆塔基础有无裂纹、损坏、下沉或上拔，基础周围有无开挖起土、沉陷，排水沟是否畅通、垮塌、损毁。 （5）杆塔标示：杆塔在路边、行人道应贴防撞警示标示，杆塔上应有线路名称、杆塔号，转角、终端杆应有相位，警告警示应齐全、醒目、清楚。 （6）杆塔周围不应修建、堆物、植树、种竹，杆身不应有植物蔓藤附着，鸟巢、蜂窝等其他杂物。 电杆本体缺陷如图2-12-4所示	严禁登杆检查缺陷	
4	配电线路常规巡视（横担及金具巡视）	（1）横担不应有锈蚀（横担锈蚀面积不得超过1/2），横担倾斜（上下左右不得超过横担长的2%，横担条形孔处有无垫片、不得扭曲、变形等异常。 （2）金具和铁附件不应有锈蚀、变形。螺栓是否松动、缺、脱螺母。销钉是否齐全锈蚀、断裂、脱落	单人巡视时，严禁登杆检查横担及金具	
5	配电线路常规巡视（绝缘子巡视）	（1）绝缘子表面不应有脏污、裂纹出现，闪络痕迹硬伤面积不得超过10mm²，绑扎导线的扎线是否松动、断裂、脱落。 （2）绝缘子不应倾斜、固定螺栓锈蚀松动，绝缘子铁脚、铁帽不应有无锈蚀，弯曲。 （3）合成绝缘子表面雨裙无烧伤、破裂损伤，铁脚、铁帽无锈蚀，胶合处无裂纹、弯曲。 金具和绝缘子缺陷如图2-12-7所示	单人巡视时，严禁登杆检查绝缘子	
6	配电线路常规巡视（导线巡视）	（1）裸导线的巡视。 1）导线不应有散股、断股、烧伤痕迹，导线经过化工厂无腐蚀、水泥厂和矿场无粉尘堆积现象。 2）架空导线每相弧垂是否一致，每相弧垂相差不宜过小或过大，上下跨越的距离应满足规程要求。 3）导线接续和修补位置不应有烧伤、烧熔痕迹、出现变色等，铜铝导线连接应用铜铝并沟线夹或铜铝设备线夹过度，并沟、设备线夹的弹簧垫圈齐全，连接固定螺母齐全无松动、缺帽并紧固。 4）导线在固定线夹内不应有滑动，线夹、螺栓、销钉齐全，导线固定、绑扎应牢固。 5）引流线或跳线相间、对地距离（杆塔、金具、拉线）是否满足规程要求，巡视时应特别注意在最大风偏时相间、对地距离，引流线、跳线应与绝缘子有一定距离，不得靠绝缘子伞裙。 （2）绝缘导线的巡视。 1）绝缘线外层刮伤磨损、起泡变形、裂纹、龟裂，绝缘线外层拉裂导线露出。 2）绝缘导线线路沿线无树枝刮蹭绝缘层、有无放电痕迹。	（1）裸导线巡视时，必须保证0.7m以上的安全距离。 （2）导线强度的试验值不应小于原破坏值的80%。 （3）导线与地面距的最小距离应符合规程要求。	

续表

序号	作业内容	工作步骤及标准	安全措施注意事项	责任人
6	配电线路常规巡视（导线巡视）	3）绝缘导线接续管外层绝缘不应有烧焦变色、鼓泡、龟裂、接续管露出等现象。 4）绝缘导线连接、接续处用红外测温仪检测，并检查绝缘导线线夹有无滑动导线弧垂是否一致。 导线缺陷如图 2-12-5 所示	（4）严防带电导线断落伤人。 （5）雷雨天气巡视应该由两人进行，并穿绝缘靴	
7	配电线路常规巡视（拉线巡视）	（1）拉线、高帮拉线抱箍、金具及铁附件有无锈蚀、变形，高帮桩有无横向倾斜、纵横向裂纹、损坏。 （2）拉线固定是否牢固，拉线、高帮桩基础周围有无沉陷、起土、冲刷等现象。 （3）拉线、高帮拉线穿越导线、跳线（引流线）下方有无绝缘子，拉线绝缘子是否损坏。 （4）高帮水平拉线对地距离是否满足运行规程要求，拉线、高帮桩是否妨碍交通或行人被碰撞。 （5）拉线、高帮桩周围有无蔓藤植物缠绕，离公路较近、行人道有无防撞警示标示，标示明显、清楚与否，是否已丢失。 拉线基础缺陷如图 2-12-6 所示	雷雨天气巡视应该由两人进行，并穿绝缘靴	
8	配电线路常规巡视（避雷器及接地装置巡视）	（1）瓷质、合成避雷器绝缘伞裙有无硬伤、老化、破损开裂、闪络等现象。 （2）避雷器的固定是否牢固，螺栓有无脱帽松动、歪斜现象，避雷器上下引线与相邻相、对地距离是否满足运行规程要求。 （3）避雷器上下引线连接是否牢固，上下引线有无散股、断股、连接处有无变色、松动、氧化腐蚀、绝缘线外层裂纹、鼓泡等现象。 （4）附件有无锈蚀，接地端焊接处有无裂开、脱焊等现象。 （5）接地引下线有无断股、散股、丢失，接地引下线截面是否符合要求。 （6）接地体与接地引下线连接是否牢固，螺栓、线夹有无脱落、缺垫片，接地线、接地体、绑扎有无丢失。 （7）接地体无外露、接地体出土处严重锈蚀，接地体埋设周围有无堆放化工原料、土石方等。 杆塔接地装置断裂缺陷如图 2-12-8 所示	（1）雷雨天气，严禁登杆检查避雷器及接地装置。 （2）有避雷线的配电线路，其杆塔接地电阻值不宜大于《配电网运行规程》所规定的数值。 （3）检查接地装置时不应触及带电设备。 （4）雷雨天气巡视应该由两人进行，并穿绝缘靴	
9	配电设备巡视（杆上开关、刀闸、跌落式熔断器巡视）	（1）真空开关瓷质、合成绝缘套管表面有无脏污、闪络放电痕迹、破裂，合、断指示箭头位置是否准确，开关外壳接地是否良好。 （2）刀闸瓷件是否碎裂、烧伤、闪络。 （3）跌落式开关瓷件是否碎裂、烧伤，保险管是否烧焦、丢失，熔丝配置是否正确。 （4）开关、刀闸、跌落式熔断器进出引流导线、设备线夹连接是否牢固，相间、对地距离是否满足运行规程要求，铜铝过渡线夹有无裂纹、熔化痕迹、过热变色现象。 （5）开关、刀闸、跌落式熔断器支架构件、横担、铁附件是否歪斜、缺帽、锈蚀严重等现象。 （6）开关名称、编号、杆号、警示、警告标志是否破损、脏污、字迹不清晰、齐全、丢失现象。 跌落式熔断器缺陷如图 2-12-9 所示，柱上开关缺陷如图 2-12-10	（1）单人巡视时，严禁登杆塔检查杆上开关、跌落式熔断器。 （2）雷雨天气巡视应该由两人进行，并穿绝缘靴	

续表

序号	作业内容	工作步骤及标准	安全措施注意事项	责任人
10	配电设备巡视（配电变压器、台架及附件巡视）	（1）配电变压器本体巡视。 1）变压器本体有无锈蚀、移位、歪斜、浸油、渗油、漏油现象。 2）变压器瓷套管有无脏污、裂纹、脱釉，闭封胶圈是否老化渗油、浸油现象。 3）储油柜有无散热管锈蚀、浸油、渗油、漏油现象。 4）油位、油色、油温有无异常、变色，呼吸器、硅胶有无变色，运行中的配电变压器声音有无异常等现象。 （2）配电变压器台架、附件。 1）台架抱箍、槽钢横担有无锈蚀、弯曲变形，固定螺栓是否牢固、有无倾斜、双螺母缺帽、螺栓出丝是否符合要求。 2）高、低压侧横担是否锈蚀、歪斜、螺栓固定是否牢固。 3）高、低压侧导线绝缘是否老化、龟裂、鼓泡，固定导线绑扎线有无脱落。 4）高、低压侧各连接是否牢固，铜铝过渡线夹连接有无发热、变色现象。 5）变压器防盗装置是否完好，有无损坏。 变压器本体缺陷如图 2-12-11 所示	（1）配电变压器巡视时，巡视人员应与带电设备保持安全距离。 （2）雷雨天气巡视应该由两人进行，并穿绝缘靴	
11	运行分析会	每月召开一次线路运行分析会		
12	缺陷记录整理	缺陷汇总上报	缺陷分类准确、并附照片	
13	常规巡视工作终结	（1）核对消缺记录是否消除缺陷，并做好消缺记录。 （2）巡视记录整理，按缺陷类别填写缺陷记录	资料的收集整理，缺陷汇总上报	

2. 本模块操作示例图

（1）本模块所需个人工器具如图 2-12-1 所示，专用工器具如图 2-12-2 所示。

（2）配电线路通道缺陷如图 2-12-3 所示，电杆本体纵向裂纹如图 2-12-4 所示。

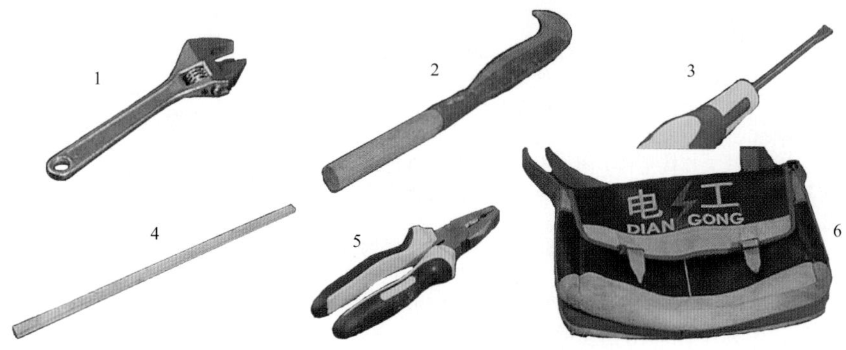

图 2-12-1　配电线路巡视个人工器具

1—活络扳手；2—砍刀；3—螺丝刀；4—棍棒；5—钢丝钳；6—工具包

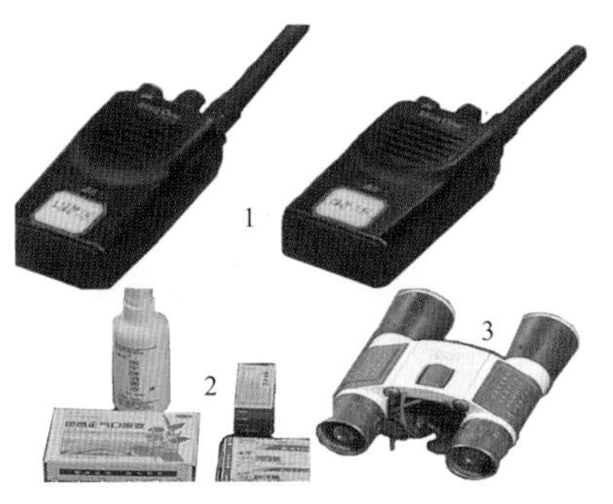

图 2-12-2　配电线路巡视专用工器具

1—对讲机；2—药品；3—望远镜

图 2-12-3　配电线路通道缺陷

(3) 导线缺陷如图 2-12-5 所示，拉线基础缺陷如图 2-12-6 所示。

(4) 金具及绝缘子缺陷如图 2-12-7 所示。

图 2-12-4　电杆本体缺陷

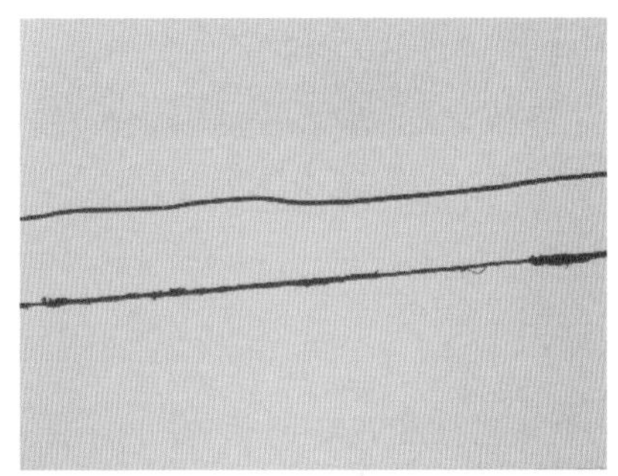

图 2-12-5　导线缺陷

图 2-12-6　拉线基础缺陷

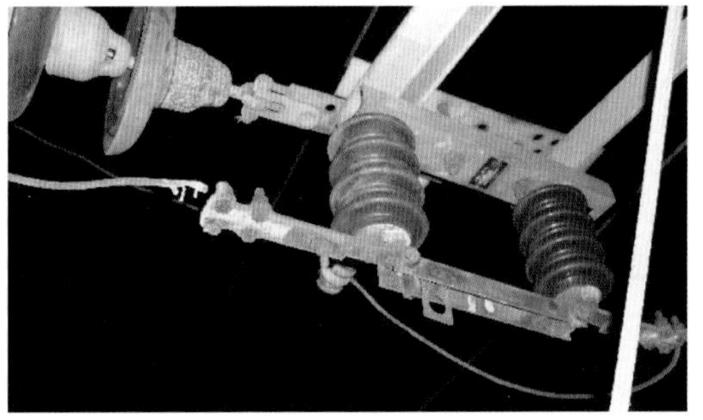

图 2-12-7　金具和绝缘子缺陷

(5) 杆塔接地装置断裂缺陷如图 2-12-8 所示。

(6) 跌落式熔断器缺陷如图 2-12-9 所示，柱上开关缺陷如图 2-12-10 所示。

(7) 配电变压器缺陷如图 2-12-11 所示。

图 2-12-8　杆塔接地装置断裂缺陷

图 2-12-9　跌落式熔断器缺陷

图 2-12-10　柱上开关缺陷

图 2-12-11　配电变压器缺陷

六、相关知识

1. 配电线路常用设备的作用

配电线路常用设备有跌落式熔断器、开关（断路器）、避雷器、隔离开关、变压器等。

（1）跌落式熔断器的作用。

1）跌落式熔断器广泛应用在配电线路中，可起到过载和短路保护，对较远的分支线继电保护保护不到的范围起到保护，也可做用户支线分断开关。

2）跌落式熔断器的结构简单、维修方便、在配电电路正常运行时，靠熔丝的拉力使熔管上动触头与上静触头接触紧密，当发生故障时，短路电流使熔丝烧断，熔管内产生大量气体，电流过零时电弧在熔管熄灭，熔管上动触头失去熔丝拉力，在熔管自重作用下熔管向下落，切断电路断开。跌落式熔断器如图 2-12-12 所示。

（2）开关（断路器）的作用。

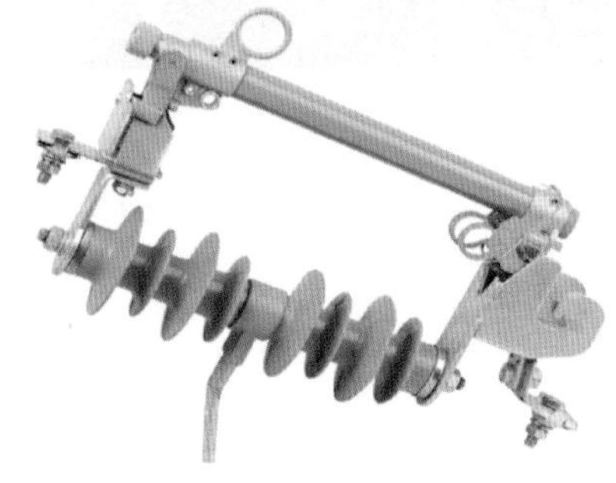
图 2-12-12　跌落式熔断器

1）开关（断路器）在正常运行情况下接通、断开电路中空载及负荷电流，灭弧能力强。

2）在配电线路发生故障时，能与系统保护和自动装置配合，迅速切断故障电流，防止事故扩大，保证系统稳定运行。

3）系统改变运行方式和线路联络时，开关（断路器）起到分、合作用，户外空气开关（断路器）如图 2-12-13 所示。

（3）避雷器的作用。

1）避雷器是一种能释放雷击电流或可能释放系统操作过电压能量，保护系统设备免受瞬时过电压危害，又能截断续流，不致引起系统接地短路的电气设备。

2）避雷器是连接导线、系统设备和地之间的一种防止雷击的设备，常用在被保护线路设备的并联，避雷器可以有效地保护系统设备，一旦发生不正常电压，此时避雷器起到保护的作用，当电压值正常后，迅速恢复正常状态，并保护系统正常运行。

3）避雷器还可以用来防护外部过电压、操作过电压、大气过电压，如雷雨天气，雷鸣闪电会发生雷击过电压，系统设备就有可能受到威胁，此时避雷器就会发挥起作用，保护系统设备免受损害。

4）避雷器最大的作用也是最重要的作用就是限制过电压，保护系统设备正常运行，使雷电流流入大地，使系统设备不会产生过电压的一种保护装置。各种类型避雷器的作用工作原理相同，都是为了保护系统设备正常运行不受损害。避雷器如图 2-12-14 所示。

2-12-13　户外空气开关（断路器）

图 2-12-14　避雷器

（4）隔离开关的作用。

1）隔离开关主要用来将配电装置中需要停电部分与带电部位隔离，以保证线路、设备检修、维护时的工作安全。

2）隔离开关静、动触头露在空气中，具有明显的断开位置，没有灭弧装置，因此，不能直接用来断、合负荷电流，带负荷断、合会产生电弧，电弧不能自灭电弧，电弧可能会造成相间、相对地电弧弧光短路烧坏系统设备，危及人身安全，所谓“带负荷拉隔离开关”的严重事故。

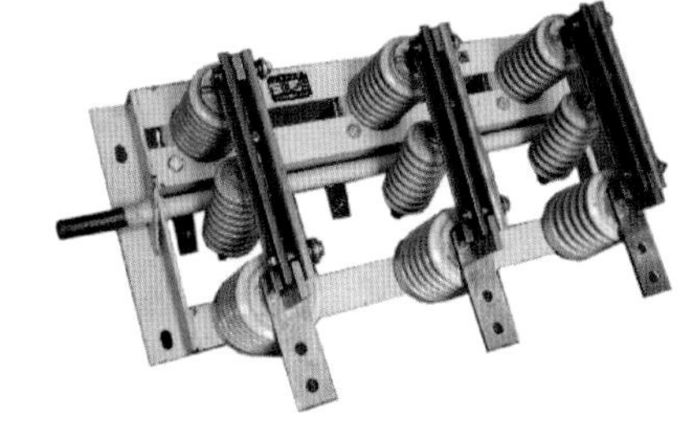

图 2-12-15　户内隔离开关

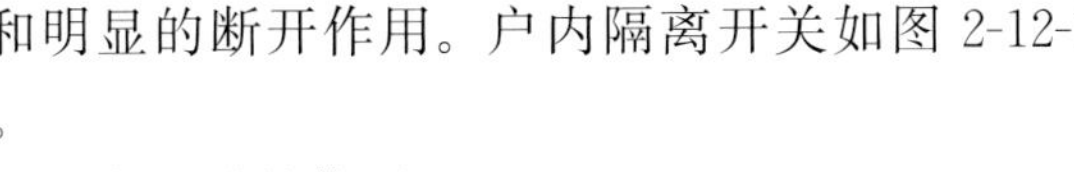

3）隔离开关还可以用在环网供电、负荷的切换起分断和明显的断开作用。户内隔离开关如图 2-12-15 所示。

（5）变压器的作用。

1）变压器是变电站的核心设备，通过它将高电压的交流电能转换成低电压的交流电能，以满足输电、供电、配电或用电的需要。

2）升压变压器是提高线路输送容量和距离，降低线路损耗。

3）降压变压器是提供合适的供电电压，降低设备绝缘等级。配电变压器结构如图 2-12-16 所示。

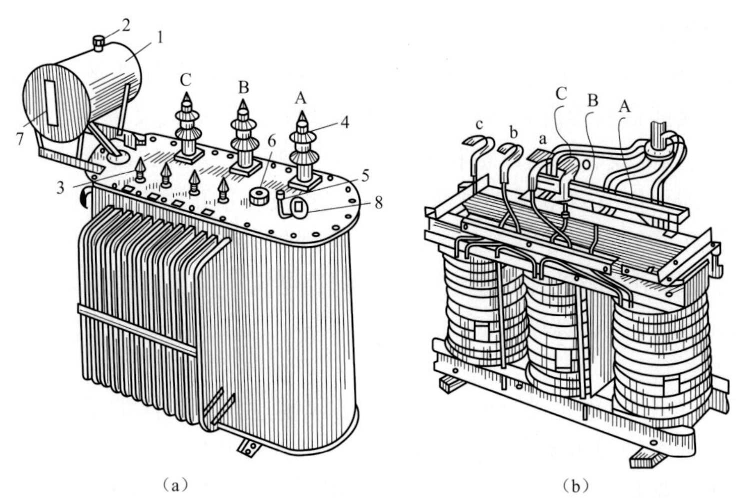

图 2-12-16 配电变压器

(a) 变压器外形图；(b) 变压器器身

1—储油柜；2—加油栓；3—低压套管；4—高压套管；5—温度计；6—无载调压开关；7—油面计（油标）；8—吊环

2. 架空配电线路常见的故障

架空配电线路暴露在大自然当中，受到周围环境、天气变化、外力破坏的影响，致使架空配电线路在运行时容易发生各种故障，影响线路的可靠运行。

(1) 单相接地。绝缘子包括（针式、瓷棒、悬式、合成、导管）、避雷器、跌落式熔断器、开关、隔离开关等，绝缘子表面脏污闪络烧伤、破损、树枝、竹等容易引起单相接地故障。

(2) 接地故障。接地故障是某处绝缘受损、闪络、破裂，接地故障又不足引起线路跳闸。如某处绝缘出现问题，开关未跳、跌落式熔断器未落下，这类故障白天难以查明故障点，只有在夜晚时线路带电的情况下，夜间容易发现某位置有放电或打火现象。

(3) 短路故障。运行线路常见的短路故障；线路引流线（跳线）、高压引线断线弧光短路；跌落式熔断器、开关、隔离开关弧光短路故障；雷击线路弧光短路；短路故障发生时短路电流大，对系统设备损害严重，影响线路正常运行。

(4) 永久性故障。发生永久性故障后线路不能自动重合，必须通过故障查找消除故障后，才能恢复线路正常运行。

(5) 瞬时性故障。发生瞬时性故障不需要进行故障处理，又自动恢复故障消除。如树枝被大风吹瞬时接触带电导线、设备形成的过程就是瞬时性故障。

(6) 外力影响。人为破坏电力设施，在电力设施保护范围区域内进行大型机械作业、爆破、开挖、起土、堆放、放风筝、打鸟、大型广告牌或气球等，随时都有可能影响线路的安全运行，行驶的车辆碰撞电杆、拉线或电力设施，造成倒杆断线的严重事故。

(7) 鸟类的影响。鸟类栖息、筑巢在杆塔上，在线间穿梭飞翔，可能造成线路接地或短路事故。

(8) 空气污染的影响。化工污秽对金具、附件的腐蚀、绝缘子的绝缘水平降低，绝缘子劣质、闪络影响线路运行。

（9）天气变化常见的故障。

1）风的影响。风力超过杆塔的机械强度时，会造成杆塔倾倒、倒杆、断线损环，使导线碰线和绞线、引流线摆动跳闸。大风刮起杂物到导线上影响线路运行。

2）雨的影响。大雨会冲刷杆塔基础，河水暴涨冲垮保坎，会造成倒杆事故，毛毛细雨、雨雾会使污秽绝缘子沿表面放电、闪络，损坏影响线路运行。

3）雷击的影响。线路及设备遇雷击时，绝缘击穿、损坏会造成弧光接地或短路设备损坏、导线损伤甚至断线停电事故。

4）气温的影响。气温变化时，炎热天气导致导线弧垂变大，导线混线、碰线、下方跨越距离不足放电。低温天气会使导线张力过大，导线结冰雪增加导线所受重量超过导线的破断拉力造成断线事故。

线路巡视工作最主要是线路运行人员的责任心，巡视检查一定要到位，对线路每一部件和设备、杆塔基础、接地装置、沿线周围环境情况检查全面、细致掌握线路运行状态。为了及时掌握线路及设备的运行情况，随时了解线路环境状况，及时发现运行线路及设备和线路附近有可能受到在建工地大型机械施工，威胁线路安全运行的隐患，根据各电业局、公司制定相关电力设施保护措施及巡视要求，确保线路安全可靠运行。

参 考 文 献

［1］ 杨力．配电线路检修实训教程［M］．北京：中国电力出版社，2013.
［2］ 汤晓青．输电线路施工实训教程［M］．北京：中国电力出版社，2009.
［3］ 周传芳．农网配电生产人员技能培训教材［M］．北京：中国电力出版社，2012.
［4］ 杨力．架空输配电线路检修［M］．北京：中国水利水电出版社，2011.
［5］ 国家电网公司．生产技能人员职业能力培训专用教材：农网配电（上、下）［M］．北京：中国电力出版社，2010.
［6］ 薛浒．架空配电线路［M］．北京：中国电力出版社，2003.
［7］ 崔吉峰．架空输电线路作业危险点、危险因素及预控措施手册［M］．北京：中国电力出版社，2007.